만화로 보는 과학의 역사

LA PLANÈTE DES
SCIENCES
ENCYCLOPÉDIE UNIVERSELLE DES SCIENTIFIQUES

안토니오 피셰티 글 · 기욤 부자르 그림 · 이나무 옮김

과학의 역사

세상을 바꾼 37명의 말썽꾸러기 과학자

이솝

장 폴 들라아예, 베르트랑 드퓌트, 프랑수아 뒤크로, 피에르-앙리 구용, 필립 자른, 에릭 카르센티, 에티엔 클레인, 기욤 르쿠엥트르, 플로랑스 르브레로, 파스칼 타씨, 에르베 티스, 다니엘 쇼브, 위베르 드 안, 그리고 과학적 자료 조사에 도움을 준 비르지니아 앙노르에게 감사의 말을 전합니다.

그리고 이 책을 요약하고 집필하는 데 많은 도움을 준 CSI(Cité des sciences et de l'industrie) 과학 역사 박물관에도 감사드립니다.

안토니오 피셰티

들어가며

우리는 여기서 37명의 과학자들을 통해 과학의 역사를 돌아봅니다. 왜 37명뿐이냐고요? 왜 다른 저명한 과학자들은 선별하지 않았느냐고요? 네, 우리 선택에 약간의 설명이 필요할 것 같습니다.

과학은 두 가지 방식으로 발전합니다. 첫째는 일반적으로 지식이 점점 쌓여가면서 발전하는 방식인데, 사람들은 이렇게 발전하는 과학을 '정상 과학(normal science)'이라고 부릅니다. 이런 과학 발전에는 수백 명의 권위 있는(그렇지 않은 사례도 있긴 합니다만) 학자가 이바지했습니다. 반면에 세계를 바라보는 관점을 근본적으로 바꿔놓는 방식으로 놀라운 업적을 남긴 '혁명적인' 학자들 덕분에 발전하는 과학도 있습니다. 우리는 특히 이런 학자들에게 주목했습니다. 여러분은 우리가 선택한 학자 중에서 익숙한 이름도 보게 되고(갈릴레이, 마리 퀴리, 니콜라우스 코페르니쿠스 등) 일반에 조금 덜 알려진 알프레트 베게너, 클로드 베르나르 혹은 막스 플랑크 같은 학자들의 이름도 보게 될 겁니다.

과학은 단지 지식이 아니라 인간의 모험이기도 합니다. 그래서 우리는 그들의 사연이 인간 사회에 대해 뭔가를 알게 해준 과학자들도 선별했습니다. 즉 발견자로서 그들의 사회적 역할이나(예를 들어 미생물의 세계를 발견한 안토니 판 레이우엔훅은 현미경 제작자였습니다), 그들이 권력과 맺고 있던 관계도(수학자인 알렉상드르 그로텐디크는 과학의 군사 목적 사용에 반대하고 나섰습니다) 고려했습니다.

이처럼 개인의 사례를 통해 과학을 이해하는 방법은 유용하지만, 거기에는 위험이 따르기도 합니다. 과학이 몇몇 천재 덕분에 발전한다는 착각을 불러일으킬 수 있다는 거죠. 루이 파스퇴르나 찰스 다윈, 알베르트 아인슈타인처럼 저명한 학자들도 다른 학자들, 때로 전혀 알려지지 않는 연구자들에게서 매우 큰 도움을 받았습니다. 그 무명의 학자들도 저명한 학자들이 했던 것과 같은 사고를 발전시킨 선구자들이었고, 때로 그들의 경쟁자이기도 했습니다.

이 책에는 아주 적은 수(3명)의 여성 학자가 등장합니다. 우리도 이 점을 아쉽게 생각합니다만, 우리가 세운 선별의 기준(특히 남녀 같은 수를 선별하겠다는 기준을 세우지 않았기에)과 여성 학자들의 부족은 오히려 과학 분야에서 남성의 지배를 반영하는 사례이기도 합니다. 게다가 여러 시대(고대 그리스에서부터 오늘날까지)와 과학의 다양한 분야(물리학, 수학, 생물학 등)를 균형 있게 소개하고자 했으므로 선택의 폭은 좁을 수밖에 없었습니다.

그래서 결국 37명의 학자가 선별됐습니다. 하지만 이들을 통해 우리는 위대한 과학적 사고의 전개와 그것이 현재 우리가 사는 이 세상을 변화시킨 방법을 이해하게 될 겁니다.

안토니오 피셰티 Antonio Fischetti

차례

고대 그리스
탈레스 Thalès..................8-9
피타고라스 Pythagore...................10-11
히포크라테스 Hippocrate..................12-13
아르키메데스 Archimède..................14-15

780~850
알-콰리즈미 Al-Khwarizmi...................16-17

15~16세기
레오나르도 다빈치 Léonard de Vinci.......18-19
니콜라우스 코페르니쿠스 Nicolas Copernic
..................................20-21
앙브루아즈 파레 Ambroise Paré...........22-23
조르다노 브루노 Giordano Bruno..........24-25
갈릴레오 갈릴레이 Galilée...................26-27

17~18세기
르네 데카르트 René Descartes.............28-29
안토니 판 레이우엔훅 Antonie Van Leeuwenhoek
..................................30-31
아이작 뉴턴 Issac Newton...................32-33
칼 폰 린네 Carl von Linné...................34-35
앙투안 로랑 드 라부아지에 Antoine Laurent de Lavoisier..................................36-37

19세기
찰스 다윈 Charles Darwin...................38-39

클로드 베르나르 Claude Bernard............40-41
그레고어 멘델 Gregor Mendel................42-43
루이 파스퇴르 Louis Pasteur.................44-45
알프레드 노벨 Alfred Nobel...................46-47
드미트리 멘델레예프 Dmitri Mendeleïev
..................................48-49

19~20세기
이반 파블로프 Ivan Pavlov...................50-51
막스 플랑크 Max Planck...................52-53
마리 퀴리 Marie Curie...................54-55
알베르트 아인슈타인 Albert Einstein.......56-57
알프레트 베게너 Alfred Wegener............58-59
알렉산더 플레밍 Alexander Fleming........60-61
에르빈 슈뢰딩거 Erwin Schrödinger.......62-63
트로핌 리센코 Trofim Lyssenko..............64-65

20~21세기
콘라트 로렌츠 Konrad Lorenz................66-67
앨런 튜링 Alan Turing...................68-69
알렉상드르 그로텐디크 Alexandre Grothendieck
..................................70-71
제임스 왓슨 James Watson...................72-73
피터 힉스 Peter Higgs...................74-75
이브 코펜스 Yves Coppens...................76-77
제인 구달 Jane Goodall...................78-79
에마뉘엘 샤르팡티에 Emmanuelle Charpentier
..................................80-81

탈레스

기원전 625-546

오늘날 '탈레스'라는 이름을 들으면 첨단 과학 분야의 전문 기업이 떠오르기도 합니다. 물론, 학창 시절 수학 시간을 떠올리는 사람도 있겠죠. 하지만 탈레스가 고대 그리스 학자였다는 사실을 아는 분은 많지 않은 것 같습니다. 그는 모든 과학자의 선조이며 기하학과 천문학의 아버지로 알려졌습니다. 당시에는 지식 분야가 세분화되지 않았기에 오늘날 관점에서 그를 최초의 철학자로 간주하기도 합니다. 탈레스는 기원전 625년, 고대 철학의 대명사인 소크라테스, 플라톤, 아리스토텔레스가 등장하기 2세기 전에 태어났습니다. 처음에 그는 해상 무역으로 부를 축적했던 것으로 알려졌습니다. 그렇게 돈을 벌고 나자 과학 연구에 전념했다고 합니다. 물론, 그보다 먼저 과학에 관심을 보인 사람이 없었던 것은 아닙니다. 사람들은 이미 하늘을 관찰했고, 자연을 탐구했으며, 건물을 지었습니다. 하지만 그때까지 학자들은 주로 경험적인 관찰에 의지하고 있었죠. 그리고 거기서 얻은 여러 가지 '관찰 결과'를 잘 활용했습니다. 탈레스의 천재성은 바로 이런 단순한 관찰 수준을 넘어서 거기서 일반적인 법칙들을 발견했다는 데 있습니다. 바로 그런 점에서 그는 과학적 사고의 선구자로 평가됩니다. 그의 강점 중 하나인 기하학을 예로 들면, 그는 특히 삼각형에 열정을 보였습니다. 우리는 주변의 수많은 사물에서 다양한 종류의 삼각형을 볼 수 있습니다. 큰 삼각형, 작은 삼각형, 좁은 삼각형 혹은 긴 삼각형을 볼 수 있죠… 하지만 탈레스는 이처럼 겉으로 보이는 다양성을 넘어 거기서 도출할 수 있는 추상적인 개념에 관심을 보였습니다. 그렇게 그는 '비슷한' 삼각형들, 다시 말해서 형태는 같으나 크기가 다른 여러 삼각형의 변 사이에 존재하는 비례의 규칙을 밝혀냈습니다. 오늘날에도 학생들은 수학을 공부할 때 '탈레스의 정의'라고 그의 이름이 붙은 규칙을 만나게 됩니다.

당시 이집트인들은 탈레스의 이런 사고에 매우 진지하게 주목했습니다. 파라오의 초청을 받아 탈레스는 케옵스 왕의 피라미드를 조사하러 갔습니다. 이집트인들은 피라미드를 만들고 늘 바라보고 있으면서도 그 높이를 정확하게 알지 못했습니다. 탈레스는 그림자를 이용해서 알아내기로 했습니다. 일단 막대기 하나를 수직으로 세워 바닥에 그림자가 생기게 해서 하나의 삼각형을 만들었습니다. 그런데 피라미드도 역시 햇빛을 받아 바닥에 그림자를 드리우며 삼각형을 만들고 있었죠. 이 두 개의 삼각형은 서로 닮았고, 막대기와 그 그림자의 관계는 크기만 다를 뿐 피라미드와 그 그림자의 관계와 똑같았습니다. 막대기의 길이와 그림자의 길이를 알고 있으니 피라미드 중에서 가장 크다는 케옵스 왕 피라미드의 그림자 길이를 잰 다음 같은 비율로 피라미드의 높이를 계산해낼 수 있었습니다. 바로 147미터였습니다. 대단하지 않습니까? 사실, 이 성과 자체가 지구의 표면을 바꿔놓았다고 할 수는 없지만, 탈레스는 이 경험을 바탕으로 자기 기하학을 구체적으로 적용할 다양한 사례를 찾아냈습니다.

탈레스는 천문학에도 관심을 보였습니다. 예를 들어 달이 스스로 빛을 발산하지 못하고 태양 빛을 반사할 뿐이라고 말한 최초의 학자였습니다. 또한, 물질이 무엇으로 구성됐느냐는 문제를 제기하기도 했습니다. 그는 세상의 모든 사물은 겉으로 보이는 다양한 모습과 달리 근본적인 하나의 원초적인 요소, 즉 물로 구성되어 있으며 물은 '모든 사물의 물질적 원인'이라고 주장했습니다. 비록 이런 주장이 과학적 관점에서 사실로 판명되지는 않았더라도, 오늘날 우리는 적어도 식물이나 생명체가 근본적으로 물로 구성됐다는 사실을 알고 있습니다. 탈레스는 당시에 전혀 설득력이 없었으나 오늘날 많은 이가 당연하다고 인정하듯이 외양이 전혀 다른 사물 사이에 공통 요소가 있다는 사실을 예견했는지도 모릅니다. 이처럼 다양한 면을 갖추고 있었던 이 고대 그리스인은 과학자들의 선조라는 명성에 걸맞은 인물이었습니다.

피타코라스

기원전 570-480

피타고라스는 오늘날에도 그 나름대로 학생들에게 인기 있는 과학자입니다. 나이가 들어서도 직각삼각형의 빗변의 제곱은 나머지 두 변의 제곱의 합과 같다는 공리를 기억하는 사람이 많습니다. 이것을 '피타고라스의 공리'라고 부르지만, 사실 이것은 피타고라스와 전혀 상관없습니다! 이 주장은 이미 고대 기하학에서 확인된 사실로 직각으로 건물을 올릴 때 적용되곤 했죠. 피타고라스는 비록 이 공리를 발견하지는 않았어도 더 훌륭한 발견을 남겼습니다. 그는 말했죠. "모든 것은 숫자다." 이것이 그의 신조였습니다. 그는 물리적 현상이 수학 언어로 표현될 수 있다고 주장한 최초의 과학자였습니다. 그로부터 여러 세기가 지난 뒤 이 주장은 근대 과학의 기초가 됐습니다.

그가 이런 발견을 하게 된 것은 음악 덕분이었습니다. 어느 날 피타고라스는 대장간 앞을 지나가다가 대장장이가 모루에 금속을 올려놓고 망치로 때릴 때 금속의 크기에 따라 음의 높낮이가 달라진다는 사실을 발견했습니다. 또한, 그는 현의 길이와 그 현이 내는 소리의 높이 사이에 관계가 있는지 의문을 품었습니다. 그렇게 동시에 여러 개의 현을 긁어서 조화로운 소리를 내게 하려면 각각 현의 길이 사이에 특별한 관계가 설정되어야 한다는 사실도 알게 됐습니다. 또한, '도' 음을 내는 현이 있는데, 그 현의 3분의 2 지점을 누르면 '솔' 음을 내고, 4분의 3 지점을 누르면 '파' 음을 낸다는 등의 사실도 알게 됐습니다. 이런 사실에서 출발해서 피타고라스는 음계 체계를 고안했습니다. 그리고 더 일반적으로 수학적 관계에 상응하는 화음 체계를 만들기도 했습니다. 이것은 음악 분야의 근본적인 발견 중 하나로 20세기 컴퓨터 음악의 개척자 중 한 사람이었던 이아니스 제나키스(Iannis Xenakis)는 피타고라스에게 영광을 돌리며 "우리는 모두 피타고라스학파에 속한다."라고 말하기도 했습니다. 하지만 처음 피타고라스가 관심을 보였던 대상은 음악만도 아니었고, 과학만도 아니었습니다. 그것은 바로 우주 전체였습니다. 그의 목적은 숫자와 아름다움 사이의 관계를 찾는 데 있었죠. 따라서 우리는 이것을 '철학'이라고 부를 수 있을 겁니다. 게다가 '철학'이라는 말을 고안한 사람도 바로 피타고라스였습니다. 물론 그가 말한 철학의 개념은 다소 독특해서 합리적인 것과 신비주의적인 것의 혼합이라고 볼 수 있습니다. 바로 여기에 피타고라스에게서 찾아볼 수 있는 또 하나의 차원이 있습니다. 바로 '영적인 스승'이라는 면모입니다. 이탈리아 남부에서 그는 자기 학파를 – 오늘날 표현으로 하자면 '교파'라는 말이 어울릴 겁니다 – 세웠습니다. 그는 제자들도 얼굴 형태나 걸음새를 보고 선별했다고 합니다. 그렇게 일단 제자가 되면 일정한 규칙들을 따라야 했는데, 평범한 규칙도 있었고 – 흰옷을 입어야 한다든가 침묵 서약을 해야 한다든가 – 매우 이상한 규칙도 – 태양을 향해 오줌을 누면 안 된다든가, 누에콩을 먹으면 안 된다는 등 – 있었습니다. 이런 금기의 원인은 여전히 밝혀지지 않았습니다. 어떤 사람들은 누에콩을 먹으면 배에 가스가 차기 때문이라고 하고, 또 어떤 사람들은 그것이 여성의 성기를 닮았기 때문이라고도 합니다… 어쨌든 제자들은 피타고라스를 살아 있는 신으로 여겼고, 스승의 가르침을 듣기는 해도 그를 볼 수는 없었습니다. 왜냐면 언제나 장막 뒤에 숨어서 강의했기 때문입니다.

피타고라스는 지구든 천체든 우주의 완벽함을 묘사하려고 했습니다. 음악은 이 완벽함의 정수였으므로 하늘의 모든 항성은 이동하면서 소리를 내고, 그 소리의 높낮이는 지구로부터의 거리에 따라 달라진다고 봤습니다. 그리고 어린 시절부터 그 소리에 익숙해진 인간은 그 소리를 들을 수 없지만, 보통 인간과 다른 피타고라스만이 그 소리를 듣는 특권을 누린다고 했습니다. 천상의 음악에 대한 이런 믿음은 오랜 세월 지속했습니다. 16세기에 독일의 천문학자 요하네스 케플러(Johannes Kepler)는 항성의 이동이 음악적 화음에 따른다는 사실을 증명하려 했으나 실패했습니다. 16세기 프랑스의 시인 피에르 드 롱사르(Pierre de Ronsard)는 이런 생각을 시로 표현했습니다. "인간의 루트는 하찮은 것이지, 아주 작은 소리도 다양하게 울리는 저 천상의 음을 생각하면." 오늘날 우리는 우주 공간에 소리가 없다는 사실을 압니다. 따라서 당시 피타고라스의 주장이 틀렸다고 말할 수 있습니다. 반면에 수를 '사물의 정수'로 간주했던 그의 직관은 16세기 갈릴레이가 '세계는 수학 언어로 쓰였다'고 했던 과학적 사고의 빛나는 예고였습니다. 반면에 그의 인간성에 관해서는 그의 생시에도 의견이 일치하지 않았습니다. 게다가 그의 제자 열댓 명이 살해되는 사건도 일어났습니다. 피타고라스의 죽음에 관해서도 몇 가지 이야기가 전해집니다. 시라큐즈인들에게 쫓길 때 누에콩밭을 가로지르기보다 차라리 죽음을 택했다는 이야기도 전해집니다. 별들의 소리를 듣는다거나 식물 때문에 목숨을 버렸다는 것은 영광스러운 일화는 아니겠죠… 특히 세상의 완벽을 추구했던 사람에게는.

히포크라테스

기원전 460-370

여러분이 아플 때 교구 신부가 아니라 의사를 찾아가는 것은 히포크라테스 덕분입니다! 그리고 의사가 여러 가지 규칙을 따르게 된 것도 히포크라테스와 저 유명한 그의 선서 덕분입니다. 히포크라테스가 등장하기 전 사람들은 병을 신이 내린 벌로 여겼습니다. 그러니 병에 걸리면 기도하고 주문을 외우며 낫기를 바라는 것이 당연한 일이었죠. 히포크라테스는 인간의 병이 신의 악의가 아니라 지상의 자연적 원인으로 발생한다고 말한 최초의 학자였습니다. 따라서 신에게 병을 낫게 해달라고 빌기보다는 전혀 다른 방식을 찾아야 했습니다. 그러려면 우선 병의 증세를 잘 파악하고, 무엇보다 잘 관찰해야 했습니다. 이런 변화는 그야말로 혁명적인 사건이었습니다. 왜냐면 결국 이것이 후일 '의학'이라는 분야의 합리적 기초가 됐으니까요.

히포크라테스가 어떻게 그런 생각을 하게 됐는지는 알려지지 않았습니다. 게다가 그가 에게해에 있는 그리스령 코스섬에서 태어났고, 소아시아, 그리스, 이집트 등 여러 지역을 여행했는데, 그런 경험이 그에게 관찰력을 길러줬으리라는 추측 말고는 그의 생애에 관해서도 알려진 바가 거의 없습니다. 그는 환자에게 다양한 질문을 하고 -당시에는 매우 특이하고 새로운 시도였습니다- 청진하고, 체온을 재고, 호흡을 관찰하고… 심지어 대소변 상태도 점검했습니다. 이처럼 환자의 증세를 점검하는 것은 오늘날 의학 치료의 가장 기본적인 과정이 됐지만, 바로 히포크라테스가 이를 고안하고 실행한 최초의 인물이었습니다.

그는 한 걸음 더 나아가 주변 환경이 -기후, 섭생 등- 인체에 끼치는 영향도 파악하고자 했습니다. 반면에 치료에 관해서는 여전히 할 일이 많았습니다! 그는 다른 학자들과 마찬가지로 인체가 '체액'이라고 부르는 '점액, 혈액, 황담즙, 흑담즙'이라고 하는 네 가지 물질로 구성됐고, 모든 병은 이 네 가지 체액 중 어느 것이 과도하게 분비돼 생기므로, 그 체액을 뽑아내거나 말려서 치료해야 한다고 믿었습니다. 오늘날 관점에서 보면 이 이론은 비록 완벽한 오류였지만, 16세기까지 살아남았습니다. 그런 점에서 히포크라테스가 '의학의 아버지'로 불린 것은 그의 의학적 발견보다는 그가 적용한 검진 방법 덕분이라고 봐야 할 것 같습니다.

70여 편으로 구성된 그의 저술은 방대한 전집으로 출간됐으나, 그가 직접 쓴 글(6편뿐)과 그의 제자들이 쓴 글을 구분하는 일은 미묘한 작업입니다.

히포크라테스는 의학에 대한 합리적인 접근 방법을 고안했을 뿐 아니라, 의사들의 윤리적 의무도 명시했습니다. 실제로 그는 '히포크라테스 선서'라는 글에서 정의의 원칙('내가 들어간 모든 집에서 환자의 고통을 덜어줘야 한다')이나 비밀준수 원칙('환자에 관해 꼭 밝혀야 할 필요가 없는 사실은 침묵해야 한다') 등 의료 행위에 관한 몇 가지 규칙을 명시했습니다. 히포크라테스 선서는 오늘날에도 여전히 유효하지만, 세월이 흐르면서 그 내용도 달라졌습니다. 예를 들어 2012년 세계의사협회에서는 여기에 특히 환자의 생명과 관련한 조항('나는 환자의 고통을 부당하게 연장하게 않겠다', '나는 절대 고의로 환자의 죽음을 유발하지 않겠다')이나 의사 개인의 이득에 관한 조항('나는 금전적 탐욕의 영향을 받지 않겠다', '나는 개인의 영예를 추구하지 않겠다')과 관련한 내용을 보완했습니다. 비록 의료 현장에서 이런 조항들이 제대로 지켜지지 않는다고 해도(특히 의사 개인의 이득에 관한 내용), 이 서약이 의학의 인본주의적 초석을 놓았다는 공적을 부정할 수 없습니다. 게다가 오늘날에도 프랑스에서 의학 박사 학위 논문을 발표하는 지원자들은 심사위원들 앞에서 반드시 히포크라테스 선서를 낭독하고 있습니다.

아르키메데스

기원전 287-212

'아르키메데스' 하면 '유레카!'라는 말이 가장 먼저 떠오릅니다. 이 위대한 고대 그리스 학자는 '발견했다'라는 의미의 '유레카'를 외치며 발가벗은 채 공중목욕탕에서 거리로 뛰쳐나왔다는 일화가 전해집니다. 이것은 당시 그리스 식민지였던 시칠리아의 도시 시라쿠사에서 일어난 사건의 한 장면입니다. 이 학자는 대체 무엇을 발견했기에 이토록 흥분했던 걸까요? 그가 욕조 안에 들어갔을 때 물이 넘친 것이 그토록 큰 사건이었을까요?

대단한 사건이었죠! 보통 사람이었다면 넘친 물을 걸레로 닦고 나서 상황이 간단히 끝났겠지만, 아르키메데스가 누굽니까! 이 대학자는 거기서 모든 종류의 기계를 제작하는 데 아주 유용한 법칙을 발견했습니다!

결국, 아르키메데스는 인류 최초의 엔지니어였습니다. 모든 전설이 그렇듯이 거기에 사실이 얼마나 포함돼 있는지는 명백하지 않습니다. 아르키메데스 역시 벌거벗은 채 거리로 뛰어나왔던 것이 아니라 그저 욕조에서 일어나면서 뭔가를 발견했을지 모릅니다. 자, 이 이야기를 처음부터 다시 살펴봅시다. 당시 시라쿠사의 왕이었던 히에론 2세는 세공사에게 금관을 주문했습니다. 그런데 금보다 값이 싼 은을 섞어서 만들었을지도 모른다는 의심이 들었죠. 하지만 왕관을 부수지 않고, 어떻게 그걸 알아낼 수 있을까요? 아르키메데스의 명성을 전해 들은 왕은 그에게 이 과제를 맡겼습니다. 절대 쉬운 일이 아니었죠! 이 문제를 해결하려면 먼저 왕관의 부피를 알아야 하는데, 형태가 복잡하니 계측하기가 거의 불가능했습니다. 아르키메데스는 사물이 부피가 그것을 물에 잠기게 했을 때 넘친 물의 양과 같다는 사실을 발견했습니다. 그렇게 해서 세공사가 왕을 속였다는 사실을 밝혀냈죠. 어쨌든 이 사건을 계기로 아르키메데스에게는 출셋길이 열렸고, 왕은 그에게 모든 종류의 문제를 해결하는 일종의 장관 직책을 맡겼습니다. 그런데 아르키메데스는 욕조에서 왕관에 사용한 금의 순도뿐 아니라 또 다른 위대한 발견을 했습니다. 그는 욕조 물속에 잠기니 수위가 올라갈 뿐 아니라 그만큼 몸이 가벼워지는 것을 느낀다는 사실에 주목했습니다. 그는 이 현상에서 하나의 원리를 발견했고, 후세는 이 원리에 그의 이름을 붙이기도 했죠. 즉 '액체나 기체에 잠긴 물체는 그것이 밀어낸 액체나 기체만큼 아래에서 위로 밀어 올리는 힘을 받게 된다'는 부력의 원리입니다. 이론과 실제를 결합하는 평소 습관대로 그는 이 현상에 관한 논문을 작성했고, 이 발견은 지금도 선박 제작에 가장 기본적인 이론으로 적용되고 있습니다.

그는 또한 도르래를 이용한 기중기도 개발했습니다. 그렇게 한 손으로 배를 옮기는 시범을 보이기도 했죠! 그는 '아르키메데스의 나사' 혹은 '영구 작동 나사'라고 부르는 유압 기구를 고안했습니다. 그가 이집트 여행 중에 목격한 것을 개발했다는 주장도 있지만, 기울어진 원통에 달린 프로펠러가 나사처럼 계속해서 회전하면서 지레와 도르래를 이용해 물을 퍼 올리는 장치였습니다. 지레는 아르키메데스가 열광했던 또 다른 관심의 대상이었죠. 비록 그가 지레를 발명하지는 않았지만, 평형의 법칙을 이론화했습니다. 그가 '내게 긴 지렛대와 단단한 받침대만 주면 지구도 옮길 수 있다'고 말했다는 일화도 전해집니다. 과장이겠지만, 어쨌든 그는 머리를 잘 쓰면 적은 수단으로 큰일을 할 수 있다는 사실을 잘 알고 있었던 것 같습니다.

이처럼 아르키메데스는 발명에 전념하면서도 어려운 수학 문제를 풀기도 했습니다. 그는 구와 원추, 원통의 면적과 체적을 계산하는 방법도 찾아냈습니다. 또한, 원의 지름과 둘레의 비율이 일정하다는 사실에서 파이(π)의 수치를 찾아내기도 했습니다. 하지만 그가 살던 시대에는 마냥 학문에만 전념할 수 없었습니다. 기원전 214년 로마는 적대 관계에 있던 카르타고를 도왔다는 이유로 시라쿠사를 공격하면서 성곽 아래 군함들을 배치하고 도시를 점령했습니다. 아르키메데스는 도시를 방어할 목적으로 매우 영리하고 효과적인 장치를 개발했습니다. 갈퀴가 달린 금속 갈고리를 던져 적의 군함 선두에 걸어놓고, 도르래를 이용해 배를 아주 높이 들어올렸다가 갑자기 떨어뜨려 바다에 내동댕이쳐서 산산조각을 냈던 것이죠. 그러나 이런 장치만으로 시라쿠사를 구할 수 없었고, 나라는 결국 로마인들의 손아귀에 들어갔습니다. 아르키메데스는 연구에 열중해 있다가 로마 병정의 손에 죽임을 당했다고 전해집니다. 생전에 그는 자기 무덤 비석에 구와 원통을 새겨 넣어 달라고 했다는데, 그가 마지막으로 살았던 곳의 흔적을 찾아볼 수 없으므로 그의 바람이 이뤄졌는지는 알 수 없습니다. 하지만 그를 기억하는 데 그런 것이 꼭 필요하지는 않게 됐습니다. 왜냐면 그는 지금도 존경받는 학자 중 한 사람이 됐고, 그의 명성은 심지어 달나라에까지 전해졌으니까요. 실제로 달에는 '아르키메데스 분화구'도 있고, '아르키메데스 산', '아르키메데스 홈'도 있습니다. 하지만 그의 이름을 딴 욕조가 나왔는지는 아직 알려지지 않았습니다.

알-콰리즈미

780-850

만약 수학을 서양 천재들의 업적이라고 생각하신다면, 그건 착각입니다. 실제로 방정식을 처음 고안한 사람은 페르시아인이었습니다.

알-콰리즈미는 9세기 바그다드에서 살았습니다. 오늘날, 폭력이 갈라놓은 이라크의 수도 바그다드는 8-13세기 과학 사고의 선구적 도시였습니다. 당시는 그야말로 '이슬람의 황금기'였습니다. 알-콰리즈미는 가장 위대한 학자들이 모여 있던 일종의 학술원인 '바그다드 지혜의 집'에서 재능을 발휘하고 있었습니다. 그는 여러 가지 활동 중에서도 특히 그리스, 바빌론, 인도의 고대 자료 번역에 전념했습니다. 이런 맥락에서 그는 특히 수학에 관심을 보였습니다.

많은 이가 수학을 막연한 대상으로 생각하지만, 알-콰리즈미는 달랐습니다. 그는 수학이 구체적인 문제를 해결하는 데 실질적인 도움을 준다고 믿었습니다. 예를 들어 상거래를 조정하고, 이익을 상정하고, 토지를 분할하고, 유산을 분배하는 등 실생활에 수학을 응용할 수 있다고 봤던 겁니다. 그의 수학 저술 중 하나가 『유언의 서(書)』인 것은 우연이 아닙니다. 그는 무엇보다도 수(數)를 잘 다룰 줄 알아야 한다고 생각해서 고대 인도의 수학 지식을 정리하고 재정비했습니다. 인도인들은 1단위, 10단위, 100단위 등으로 구분된 10진법을 사용합니다. 1부터 9까지 수와 0을 사용하는 오늘날 숫자 체계와 같습니다.

게다가 아랍인들은 우리가 '아랍 숫자'라고 부르는 것을 지극히 당연하게 '인도 숫자'라고 불렀습니다. 알-콰리즈미도 저 유명한 '0'의 사용법을 규정했습니다. 누가 창안했는지는 모르지만, 0도 인도에서 유래했고, '비어 있음(空)'을 뜻하는 '쑨야(sunya)'라는 말로 불렸다고 합니다. 이 말은 아랍어로 'sifr'로 번역됐고, 라틴어 'cifra'로, 프랑스어 'chiffre'로 번역됐습니다. 즉 0이 수 체계의 기초가 됐다는 뜻입니다. 이처럼 알-콰리즈미는 수 체계 사용법을 정리하고 나서 방정식 문제에 집중했습니다.

아시다시피, 방정식은 미지수를 계산에 사용하는 수학 공식입니다 ($ax=b+c$ 등. 기억나시죠?) 네, 알-콰리즈미는 방정식을 발명한 최초의 학자 중 한 사람입니다(비록 기원전 2세기 그리스 출신 알렉산드리아의 디오판토스를 시조로 봅니다만). 당시에는 아직 'x'나 '미지수'라는 표현을 사용하지 않고, 단지 소박하게 '그것'이라고 표기했습니다. 이처럼 알-콰리즈미는 방정식을 숫자나 기호가 아니라 문자로 표기했습니다.

어쨌든 그는 방정식을 통해 엄청나게 많은 문제를 해결할 수 있었습니다. 손익 계산이든, 토지 분배든, 곡식 포장이든, 그가 해법을 찾은 여섯 가지 공식적인 방정식 중 하나를 적용하면 얼마든지 해결할 수 있다는 사실을 입증했습니다. 이런 등가 방정식을 다루는 학문을 오늘날 '대수학'이라고 부릅니다. 게다가 '대수(algebra)'라는 용어는 아랍어의 'Al-Jabr(الجبر)', 즉 뭔가를 '복구한다'는 일반적인 의미를 담고 있고, 외과에서는 절단된 사지를 봉합하는 수술을 지칭하기도 합니다. 따라서 등가를 '복구'한다는 것은 알지 못하던 것(미지)을 발견함으로써 그것을 변화시킨다는 것을 의미합니다. 오늘날 언어로는 '해결한다'고 말할 수 있을 겁니다.

알-콰리즈미의 이름도 후세가 영원히 기억하게 됐습니다. 그 시대에도 그의 이름은 모든 계산술을 지칭하는 일반 명사로 사용됐습니다. 그러다가 중세 라틴어로 '알고리스무스(algorismus)', 스페인어로 '알구아리스모(alguarismo)', 프랑스어로 '알고리듬(algorithme)' 등으로 불리게 됐고, 오늘날 알고리즘(algorism)은 정보통신 언어로 일반화됐습니다. 이처럼 우리가 일상적으로 컴퓨터를 사용할 때마다 아랍의 수학에 얼마간 빚지고 있다고 말할 수 있겠죠.

레오나르도 다빈치

1452-1519

레오나르도 다빈치를 보면 너무 많은 분야에 관심이 있어서 한 가지 진로를 선택하지 못하는 고등학생이 떠오릅니다. 건축가, 엔지니어, 화가, 무대설계가… 실제로 그가 어떤 문제를 해결할 때면 이 모든 분야 전문가의 면모를 여지없이 보여줬습니다. 심지어 그는 오늘날에도 자신의 작품이 루브르 박물관에 걸려 있는 유일한 과학자이기도 합니다.

실제로 「모나리자」를 보면, 이런 작품을 그린 사람이 전쟁 기계들을 발명했다는 사실이 믿기지 않습니다. 레오나르도는 그야말로 천재성과 시대의 만남이었습니다! 이탈리아 르네상스는 전방위적으로 터져 나온 천재적 창의성 자체였습니다. 그는 이런 시대 배경에서 물 만난 물고기 같은 인물이었죠.

그는 피렌체 근처 작은 마을에서 자랐습니다. 어려서부터 그림에 소질이 있었기에 아버지는 그를 피렌체의 조각가 안드레아 델 베로키오(Andrea del Verrocchio)의 작업실에 조수로 보냈습니다. 레오나르도의 재능은 곧 주목받았으나 한 가지 사건이 일어나면서 그의 경력은 젊은 나이에 끝장나나 싶었습니다. 스물네 살 때 어떤 젊은 남자와 육체관계를 맺었다는 익명의 투서가 경찰에 접수됐던 거죠. 다행히도 이 사건은 그가 무혐의 처분을 받으며 끝났지만, 레오나르도는 그때부터 이 도시 저 도시를 떠돌며 군주들에게 자기 재능을 팔러 다녔습니다.

그는 다양한 기계를 발명했습니다. 연극 공연에 사용하는 장치들을 개발해서 성모가 승천하는 장면을 실현하기도 하고, 전쟁에 사용할 무기를 고안해서 접근하는 적군을 베어버릴 낫이 장착된 전차를 만들기도 했죠. 오늘날 사람들이 그에 대해 품고 있는 낭만적인 이미지와 달리, 그는 아름다움과 인류애에서만 영감을 얻었던 것은 아닙니다. 실제로 모든 것이 그의 호기심을 자극했습니다. 그는 하늘을 나는 배, 도르래를 이용한 기중기, 악기, 수력을 이용한 기구 등 다양한 분야의 수십 가지 기계를 설계했습니다. 설령 그 기계들이 모두 그의 발명품이 아니고, 이전부터 존재했던 아이디어를 재활용했다고 해도, 그리고 그가 고안했던 장치들이 대부분 계획 단계에 머물렀을 뿐 실제로 제작되지는 않았다고 해도, 그의 천재성에 모자람이 있었던 것은 아니죠.

게다가 그는 기술적인 발명에만 몰두하지 않고, 세계를 이해하고자 했습니다. 예를 들어 산꼭대기에서 조개껍데기를 발견했을 때 그것이 홍수에 떠밀려 온 잔해물이라는 기존의 설명에 만족하지 않고, 과거에 바다 밑바닥이었던 것이 산꼭대기가 됐다는 새로운 해석을 제시했습니다. 당시 그의 직관에 따른 주장에는 명백한 증거가 없었지만, 오랜 세월이 흐른 뒤 지질학적 발견을 통해 지구의 지각 변동으로 그런 변화가 생겼음을 알게 됐죠.

「모나리자」의 작가는 인체의 기능에도 관심이 있었습니다. 그는 태아에서부터 노인에 이르기까지 30여 구의 시체를 해부하고, 여러 근육 사이의 연관성이나 성대의 작동 방식, 식도를 통과한 음식물의 이동 경로 등을 확인했고, 심지어 당시에는 남성 성기의 발기 원인을 공기의 유입으로 믿었으나 그것이 혈액의 작용임을 밝혀냈습니다.

하지만 이 매우 특별한 인물을 너무 이상화해서는 안 될 것 같습니다. 왜냐면 그도 때로 실수를 저질러서, 예를 들어 고환과 심장을 직접 연결하는 관이 있다고 믿기도 했습니다… 실제로 그는 거의 모든 분야를 탐험했지만, 자신이 축적한 지식을 전달하는 데는 미온적이었던 것 같습니다. 그는 자신이 발견한 사실들을 아무런 순서나 체계 없이 6천 쪽에 달하는 낱장에 기록했는데, 그것도 해독하기 어렵게 좌우가 바뀐 상태로 기록해 놓았습니다.

어찌 됐든 레오나르도 다빈치는 예술과 과학을 결합한 전반적인 접근 방식을 통해 세상을 이해하는 데 이런 정도까지 그림을 이용한 최초의 인물이었습니다. 그는 한편으로 해부학적 지식을 그림에 적용했고, 다른 한편으로 예술적 재능을 기술적인 그림에 여실히 반영했습니다. 얼핏 보기에 모나리자와 하늘을 나는 기계 그림 사이에는 공통점이 없는 것 같습니다. 하지만 그가 남긴 정신의 궤적을 따라가다 보면, 그의 발명은 그의 예술의 구현이고, 그의 그림은 그의 과학의 구현임을 알게 됩니다.

니콜라우스 코페르니쿠스

1473-1543

오늘날에는 지구가 자전하고, 태양 주위를 공전한다는 사실을 누구나 알고 있습니다. 학교에서 그렇게 배웠기 때문이죠. 하지만 그렇게 배우지 않았다면 어떻게 됐을까요? 눈을 들어 하늘을 보면 해가 동쪽에서 떠서 서쪽으로 지면서 지구 주위를 돌고 있습니다. 옛사람들도 당연히 그렇게 믿고 있었으나 코페르니쿠스가 등장하면서 모든 게 달라졌습니다. 그는 우리가 가만히 있는 것 같지만 사실은 팽이처럼 돌고 있다고 주장했습니다.

성직자였던 코페르니쿠스는 폴란드의 프라우엔부르크 교구장이었습니다. 하지만 그는 원래 신학이 아니라 과학, 법학, 의학을 공부했습니다. 교구에서 그는 미사가 진행되는 동안 기도문을 암송하고, 교회 소유 토지의 임대료와 세금에 관련된 여러 가지 일을 관리하는 역할을 맡았습니다. 나머지 시간에 그는 자신의 진정한 관심사에 몰두했죠. 그것은 바로 천문학이었습니다. 그는 심지어 작은 탑 안에 천문대를 만들기도 했습니다. 당시는 천체망원경이 발명되기 전이었으므로 코페르니쿠스는 맨눈으로 천체를 관찰했습니다. 그는 항성들의 위치를 파악하기 위해 극도로 세밀한 수천 개의 줄이 새겨진 나무 막대기 세 개로 구성된 기구를 사용했습니다. 그처럼 초보적인 기구를 이용해서 지구에 대한 생각을 송두리째 바꿔놓았다는 사실이 믿기지 않습니다!

하지만… 당시에는 고대로부터 전해진 우주의 모습이 아주 확고하게 정립돼 있었습니다. 즉 지구는 우주의 한가운데 있고, 태양은 다른 항성들과 마찬가지로 지구를 중심으로 회전한다는 믿음이었죠. 이런 믿음으로 천체의 움직임을 설명했지만, 앞뒤가 맞지 않는 사례가 많습니다, 예를 들어 금성은 한 방향으로 진행하다가 점점 속도를 늦추고 멈췄다가, 반대 방향으로 진행합니다. 만약 모든 항성이 지구를 중심으로 회전한다면, 그런 비정상적인 현상이 일어나지 않겠죠… 코페르니쿠스는 다른 해석을 제시했습니다. 즉 태양이 지구 주위를 회전하는 것이 아니라 지구가 태양 주위를 돌고, 다른 행성들도 마찬가지라고 생각했던 겁니다. 게다가 지구는 24시간에 한 번 자전한다고 주장했습니다. 그러자 그때까지 이해할 수 없었던 몇몇 행성의 이상한 움직임도 납득할 수 있었습니다. 즉 지구를 기준으로 바라볼 때 그 항성들의 운동은 환영에 불과하다는 거였죠. 지구가 회전한다는 주장은 이미 고대 그리스 시대에 피타고라스, 헤라클레이토스, 사모스의 아리스타르코스 같은 학자들이 제기한 바 있으나, 오랫동안 아무도 이 문제를 고려하지 않았습니다. 더구나 코페르니쿠스가 살던 시대에 이런 주장을 펼쳤다가는 엄청난 대가를 치를 수도 있었습니다. 실제로 종교재판이 기승을 부리고 있었고, 교회의 관점에 대항하는 자는 화형대에서 비참한 종말을 맞이했습니다. 그러니 코페르니쿠스가 자신의 주장을 곧바로 책으로 펴내지 않은 이유를 이해할 수 있을 것 같습니다. 하지만 친구들의 조언에 따라 결국 책을 출간했습니다. 그 친구 중 한 사람인 안드레아스 오시안더는 코페르니쿠스의 책에 서문을 쓰기도 했습니다. 그는 거기서 코페르니쿠스의 주장이 단순히 가설일 뿐, 사실은 아니라고 했습니다. "천문학자가 어떤 원칙을 수용하는 것은 사실을 확인하기 위해서가 아니라 단지 계산의 근거를 제공하기 위해서다." 실제로 코페르니쿠스는 증거를 제시하지 않은 채 일련의 가설을 발표했을 뿐이지만, 교황 바오로 3세에게 편지까지 써서 자신의 처지를 위험에 빠트리지 않는 신중함을 보였습니다. 그는 교황에게 자신에 대한 '악의적인 공격을 불식해달라'고 청했습니다. 왜냐면 '자기를 처단해달라고 (…) 소리 높여 외치는 자들이 있기 때문'이라고 했습니다. 그는 자신의 저작 『천체의 회전에 관하여』를 1530년에 완성했으나 곧바로 출간하지 못했고, 이 책은 사망한 해인 13년 뒤에나 세상 빛을 볼 수 있었습니다. 하지만 그가 두려워했던 것과 달리 이상하게도 교회는 그의 저술에 별다른 반응을 보이지 않았습니다. 하지만 그런 반응은 '당분간'이었습니다. 40여 년 뒤 바티칸은 정신을 차리고 코페르니쿠스의 '이단'을 비판했습니다. 교회는 가톨릭의 우주관에 반기를 드는 자를 절대 용납하지 않았고, 이런 성향은 단지 이념만이 아니라 현실에서도 점점 더 극심해졌습니다. 1600년 조르다노 브루노가 산 채로 화형당했고, 1633년 갈릴레이는 태양이 지구를 중심으로 회전한다는 증거를 교회에 제출하고, 화형을 피하려면 자신이 주장했던 지동설을 부정해야 했습니다.

'다행'이라고 말할 수 있을지 모르겠지만, 이때는 이미 코페르니쿠스가 사망한 뒤였습니다. 그래도 그의 책은 가톨릭교회의 금서 목록에 올랐습니다. 결국, 1826년이 돼서야 바티칸은 지구가 우주의 중심이 아니고, 태양을 중심으로 회전한다는 사실을 공식적으로 인정했습니다. 그러나 오늘날에도 지동설은 모든 이에게서 만장일치를 이루지는 못하는 것 같습니다. 유럽과 미국에서 진행한 여론조사에 따르면 인구 4분의 1에 해당하는 사람들은 코페르니쿠스가 죽은 지 5세기가 지난 지금도 여전히 태양이 지구를 중심으로 회전한다고 믿는 것으로 알려졌습니다.

앙브루아즈 파레

1510-1590

앙브루아즈 파레는 이발사로 경력을 시작했다가 외과학의 시조가 된 인물입니다. 면도칼을 수술용 메스로 발전시켰죠. 그가 지나온 여정을 이해하려면, 그가 상처를 펄펄 끓는 기름과 벌겋게 달군 인두로 치료하던 시대에 살았다는 사실을 잊지 말아야 합니다. 파레는 상처를 붕대로 감고 꿰매는 편이 훨씬 효과적임을 보여줬죠. 오늘날에는 이것이 너무도 당연한 얘기로 들리지만, 당시에는 그렇지 않았습니다. '외과학'이라는 것을 의학의 한 분야로 간주하지 않았습니다.

의사와 외과 의사는 별개의 직업이었습니다. 의사는 파리 대학 소속으로 라틴어로 진단서를 쓰고 환자에게는 손대지 않는 것은 물론이고 환자의 몸을 절개한다는 것은 상상할 수 없는 일이었습니다. 의사는 외과술을 천박한 분야로 여겨서 이 일을 하는 사람도 마치 고상한 엔지니어가 손에 기름때 묻은 자동차 정비공을 바라보듯 했습니다.

그 정도로는 충분하지 않다는 듯이 외과의도 두 부류로 나뉘었습니다. 상급 외과의들은 소위 '긴 법의'라고 불리던 사람들로, 실제로 긴 수단(soutane)을 걸치고 라틴어를 사용하며 환자의 사지 절단이나 개공술(開孔術, 두개골에 구멍을 뚫는 치료) 같은 작업을 전문적으로 수행하는 권위 있는 사람들이었습니다. 반면에 그 아래 계급은 '이발사-외과의'라고 부르는 사람들로 실제로 이발사들이었습니다. 그들은 찾아온 사람들에게 면도칼을 이용해서 종기나 등창 같은 피부 질환을 치료하거나 사혈을 했습니다.

앙브루아즈 파레는 바로 이런 상황에서 일을 시작했습니다. 하지만 이 젊은 이발사 초년생에게는 다른 야심이 있었습니다. 그는 자선 병원 오텔디외에 들어가 외과 의사의 조수가 돼 바쁜 나날을 보냈지만, 거기에도 만족하지 못하고 늘 모험을 꿈꿨습니다. 모험하려면 전쟁터보다 더 좋은 환경이 없었고, 특히 서로 총질하는 격전지가 최고였습니다. 그런데 이 시대에 의사들은 근거 없는 이론을 믿고 화약 가루가 몸에 독을 퍼트린다고 생각해서 '독성'이 있는 이 물질을 제거하고자 상처 부위에 끓는 기름을 부었습니다.

처음에는 파레도 그들과 똑같이 생각했습니다. 그러다가 1537년 피에몬테 전투에서 기름이 떨어지자, 그는 달걀을 바른 붕대로 병사들의 상처를 감쌌습니다. 그러자 놀라운 일이 벌어졌습니다! 부상자들이 더는 고통을 호소하지 않았던 겁니다. 비록 달걀노른자의 치유 효과가 한정적이라고 해도, 튀김 기름보다는 효과가 더 낫다는 사실을 부정할 수 없었습니다. 파레는 1552년 당빌리에의 로렌이 포위됐을 때 두 번째 중요한 발견을 하게 됩니다.

앙리 2세는 딸의 결혼식을 기념하고자 마상창시합 대회를 열었는데, 끔찍하게도 그가 얼굴에 창을 맞아 사망하는 사고가 일어났습니다. 파레는 사형수들의 머리를 잘라 왕이 얼굴에 입은 상처를 그대로 재현하는 시범을 보였습니다(과학적 관점에서 대담한 시도였기는 하지만, 오늘날 도덕 기준으로 보면 썩 좋은 평가를 받을 일은 아니었죠. 게다가 이런 시도가 왕의 생명을 구한 것도 아니었으니까요).

파레가 쓴 여러 저작은 근대 외과학의 바탕이 됐습니다. 오늘날 외과학의 빛나는 위상을 생각할 때 그 고귀함을 한낱 이발사 초년생에게 빚지고 있다는 사실이 재미있기도 합니다. 하지만, 그의 덕분에 이 두 가지 직업은 명백히 구분됐고, 아무도 이발사에게 수술을 받거나 외과 의사에게 면도를 받는다고는 상상조차 할 수 없게 됐습니다.

조르다노 브루노

1548-1600

오늘날 우리는 무한한 우주에 태양계만 존재하지 않는다는 사실을 알고 있습니다. 하지만 그런 말을 입 밖에 냈다가는 목숨이 위태롭던 시절도 있었습니다. 역사상 처음으로 우주가 무한하다고 주장했던 사람은 16세기 말 전직 수도사였던 조르다노 브루노였습니다. 1584년 그는 제목이 불에 타 죽을 그의 운명을 예시라도 한 듯한 『재의 수요일 성찬』이라는 책에서 그렇게 주장했다는 이유로 종교재판에서 이단으로 판정받았습니다. 당시 천문학 분야의 지배적 이념은 고정된 지구가 우주의 중심이고 태양이 지구 둘레를 돈다는 주장을 바탕으로 하고 있었죠. 바로 '천동설'이었습니다. 하지만 몇 해 전에 폴란드의 천문학자 코페르니쿠스는 이미 '태양 중심설'을 주장한 바 있습니다. 즉 지구를 포함한 모든 항성이 자전하면서 태양 주위를 공전한다는 주장이었죠.

브루노는 코페르니쿠스의 '천동설'을 지지했고, 한 걸음 더 나아가 '우주의 중앙에는 어떤 항성도 없다, 왜냐면 우주는 모든 방향으로 항상 팽창하기 때문이다'라고 주장했습니다. 그는 우주에 항성이 무한하고, 태양 같은 항성이나 그 주위를 도는 행성도 무수히 많다고 했습니다. 아울러 그 행성에서 사는 생명체도 있으리라고 추측했습니다. 그가 살던 시대를 생각할 때 이 얼마나 담대한 주장입니까! 오늘날 우리는 그 규모가 우리의 감각을 완전히 초월하는 우주에 속한 먼지보다도 작은 지구라는 별에 살고 있고, 천체물리학자들에게 그 무한한 외계라는 것은 전혀 엉뚱한 것이 아니라 아주 현실적인 것임을 알고 있습니다. 하지만 조르다노 브루노의 시대에 이런 주장은 교회에 대한 선전포고나 다름없었습니다.

하지만 초년에 브루노는 종교에 전혀 반감이 없었습니다. 오히려 그는 17세 때 도미니쿠스 수도회에 들어갔습니다. 하지만 곧 그의 반항적 기질이 고개를 들었죠. 금서를 읽었고 감히 성모의 처녀성을 의심했다는 이유로 그는 식당에서 모든 이가 보는 앞에서 바닥에 무릎을 꿇고 마른 빵을 먹어야 했습니다. 그래도 1673년 그는 사제가 됐습니다… 하지만 3년 뒤 종교재판을 피하기 위해 교단을 떠나야 했습니다. 이후 그는 이탈리아와 유럽의 여러 도시를 방랑하면서 문법과 기억술, 천문학을 가르치며 살아남았습니다. 그는 가톨릭 교회의 경멸을 받았을 뿐 아니라 당시 '학자들'에게도 무시당했습니다. 그는 천체를 관측하면서 계측을 위한 어떤 도구도 사용하지 않았고, 어떤 계산도 하지 않았습니다. 그의 우주론적 개념은 단지 그가 했던 사고의 결과일 뿐이므로 학자들이 진지하게 받아들이지 않았던 겁니다. 불쌍한 브루노는 외톨이였습니다. 그러다가 1591년 최악의 사건이 벌어집니다. 기억술을 배우고자 했던 어느 부유한 베네치아인이 그를 이탈리아로 불러들였을 때 브루노는 그의 초청에 응하는 치명적인 실수를 저질렀습니다. 기억술이 별로 효과가 없어서 실망했기 때문인지, 아니면 신성모독자를 집에 들인 것이 두려웠기 때문인지 그 베네치아인은 브루노를 당국에 신고해 체포하게 했습니다. 브루노는 이단 혐의로 곧바로 종교재판소 지하 감옥에 갇혔습니다. 그리고 계속해서 심문받으며 거기서 무려 7년을 보냅니다. 이런 역경 속에서도 그는 굴복하지 않았습니다. 1600년 2월 17일, 종교재판소에서는 그가 군중을 향해 아무 말도 하지 못하게 못으로 혀를 입천장에 박아버린 뒤 화형대로 끌고 가서 산 채로 불태워 죽였습니다.

그가 죽은 지 10년 뒤, 그의 직관은 갈릴레이의 천문학적 관찰을 통해 실험적으로 확인됐습니다. 네, 갈릴레오도 역시 종교재판소에 끌려가서 심문받았지만, 그는 화형을 면하고자 자신의 주장을 철회했습니다. 이런 부정은 몇 세기 후에 – 정확히 1992년에 – 바티칸이 스스로 '판단의 주관적 실수'를 인정함에 따라 무효화됐고, 갈릴레이는 복권됐습니다.

그러나 교황청은 조르다노 브루노에게 어떤 사죄도 하지 않았습니다. 그러자 사람들은 그가 화형당했던 로마의 캄포 데 피오리 광장, 바티칸 사무국에서 아주 가까운 지점에 그의 동상을 세웠습니다. 바티칸에서는 시청에 이 동상의 이전을 몇 차례 요구했으나 소용없었습니다.

조르다노 브루노는 스스로 원한 적은 없으나 교회의 몽매주의에 대항하는 이성적 투쟁의 상징이 됐습니다. 비록 교황청에서 복권해주지는 않았지만, 그것은 이 과학을 위해 순교한 인물에게 그 나름대로 멋진 반격의 징표가 되지 않았을까요?

갈릴레오 갈릴레이

1564-1642

과학의 역사에서 가까스로 목숨을 구한 과학자가 있다면 바로 갈릴레이였습니다. 지구가 태양을 중심으로 회전한다고 주장했기에 – 그리고 무엇보다 그 사실을 과학적으로 증명했기에 – 그는 화형을 면치 못할 상황에 놓였습니다. 하지만 종교재판에서 자신의 주장을 철회함으로써 목숨을 건졌습니다. 일반에 잘 알려진 이 사건의 발단은 1609년으로 거슬러 올라갑니다. 갈릴레이는 몇 해 전 네덜란드 출신 광학 기계 제조업자가 만든 천체망원경의 존재를 알게 됐죠. 당시 과학자들은 그것을 그저 재미있는 장난감 정도로 여겼으나 갈릴레이는 렌즈를 더 완벽하게 만들어 30배율로 볼 수 있게 하는 데 성공했습니다. 그는 그 기구를 하늘로 향하게 하고, 매일 밤 새로운 발견을 거듭했습니다. 그렇게 달에도 지구처럼 분화구와 계곡이 있고, 자전하는 태양에 흑점이 있으며, 은하수는 수많은 별이 모여 이뤄졌다는 사실도 알아냈죠.

그러다가 1610년 1월 7일, 그는 세상을 온통 뒤집어놓을 만한 발견을 하게 됩니다. 그가 망원경 렌즈를 금성으로 향했을 때 그 주위를 회전하는 세 개의 위성을 발견했던 것이죠… 하지만 그때까지는 그것이 그리 대단한 사건은 아니었습니다. 그러나 갈릴레이가 보기에 그 위성들의 움직임은 너무도 이상했습니다. 그때까지 통용되던 천체관에 따르면 우주 한가운데 고정된 지구를 중심으로 모든 행성이 규칙적으로 회전해야 하지만, 이 위성들은 오던 길로 되돌아가기도 하고, 진행 경로가 서로 겹치기도 했습니다. 기원전 2세기 프톨레마이오스가 정립한 우주관에 따르면, 항성들의 경로가 이런 현상을 보인다는 것은 있을 수 없는 일이었습니다. 갈릴레이는 이런 현상을 설명할 길은 오로지 코페르니쿠스가 정의한 천동설을 적용하는 방법뿐이라는 사실을 깨달았습니다. 겉으로 보기와 달리 태양이 지구 주위를 회전하는 것이 아니라, 지구가 태양 주위를 회전하는 것이 분명했습니다. 따라서 지구를 우주의 중심으로 여기는 믿음을 버리면, 모든 것이 명백해졌습니다. 갈릴레이는 위성들이 금성을 중심으로 공전하고, 금성은 태양을 중심으로 공전한다는 사실을 깨달았습니다! 달도 마찬가지였습니다. 달은 지구를 중심으로 공전하고, 지구는 태양을 중심으로 공전하고 있었습니다. 게다가 모든 행성은 자신을 축으로 자전하고 있었습니다! 이처럼 갈릴레이는 코페르니쿠스가 상상했던 현상이 사실임을 최초로 증명한 과학자가 됐습니다. 하지만 불행하게도 그는 이 발견으로 고초를 겪게 됐습니다! 왜냐하면 지동설은 지구가 우주의 중심에 고정돼 있다는 가톨릭교회의 교리에 정면으로 위배되기 때문이었죠. 게다가 당시에는 이것이 생사가 걸린 문제였습니다! 코페르니쿠스가 천동설을 주장한 지 80년이 지났지만, 아무도 그의 가설을 증명하지 못했으므로 교회는 이 문제에 별로 신경쓰지도 않았습니다. 그러나 갈릴레이의 발견은 모든 것을 바꿔놓았습니다. 천동설이 입증되자, 이것은 바티칸에 매우 심각한 위험 요소가 됐습니다. 종교재판소는 곧 갈릴레이에 대한 조사에 착수했습니다. 10년 전 조르다노 브루노를 화형대로 보냈던 벨라르민 추기경은 갈릴레이 관련 자료를 검토하고 나서 이것이 허튼소리가 아니라는 사실을 깨달았습니다.

갈릴레이는 선택의 갈림길에 섰습니다. 코페르니쿠스의 주장을 단순한 가설에 불과하다고 증언하고 위기를 모면하거나, 아니면 끝내 자기 주장이 옳다고 고집하다가 목숨을 잃거나… 갈릴레이는 투사가 아니었습니다. 그는 목숨을 구하기로 했습니다. 그는 위험한 자료를 모두 파기하고, 1633년 6월 22일 회개를 상징하는 흰 망토를 걸치고 손에 초를 들고 종교재판관 앞에 무릎을 꿇은 채 '자신이 품었던 헛된 야망과 조심성의 부족과 무지'를 자책하고, '지구가 운동한다는 주장의 오류와 이단을 경멸한다'고 맹세했습니다. 말하자면 그것은 완벽한 자기 부정이었습니다. 그가 자리에서 일어나면서 중얼거렸다는, '그래도 지구는 돈다'라는 말은 후세가 지어낸 전설과 같은 허구로 알려졌습니다.

1822년, 결국 교회는 지구의 공전과 자전을 인정했습니다. 1992년에는 교황 요한 바오로 2세가 갈릴레이를 복권해줬습니다. 하지만 교회의 태도는 매우 미온적이었습니다. 왜냐면 학자와 바티칸 사이의 '비극적인 상호 몰이해'를 언급하는 선에서 사태를 매듭지었기 때문이죠. 마치 갈릴레이와 종교재판관에게 똑같이 잘못이 있다는 듯이 말입니다. 바티칸은 벨라르민 추기경을 '성인'으로 추대한 반면, 갈릴레이에게 온전한 사면을 베풀지 않았지만, 그는 인류 역사상 가장 위대한 과학자들이 누워 있는 과학의 판테온으로 들어갔습니다. 그는 '자연'이라는 책을 해독할 수 있게 해준 '수학'이라는 언어를 사용했다는 점에서 근대 과학으로 향하는 길을 활짝 열어놓았습니다. 그 덕분에 이제 더는 성서가 아니라 수학 방정식이 세계를 설명하게 됐죠.

르네 데카르트

1596-1650

데카르트만큼 특권을 누린 학자는 매우 드뭅니다. 그는 이름이 일상에서 일반어로 사용되는 매우 드문 학자죠. 뉴턴이나 갈릴레이, 아인슈타인도 엄청난 천재였던 것은 사실이지만, 데카르트의 경우처럼 이름이 '이성적, 엄격한, 논리적'이라는 의미의 '카르테지앵'이라는 일반 형용사로 사용된 사람은 없습니다. '나는 생각한다, 고로 존재한다'라는 명제의 주인공은 물론 철학자였지만, 과학자이기도 했습니다.

이 분야에서 그의 기여한 바는 무엇보다 사고하는 방식에 있습니다. 그것을 몇 가지 원칙으로 요약할 수 있습니다. 첫째, 선입견 버리기, 둘째, 절대로 확실하지 않은 모든 것을 의심하기, 셋째, 가장 간단한 문제에서 시작해서 가장 복잡한 문제로 생각을 정리하기, 넷째, 여러 가설 중에서 하나를 선택할 때 수학과 실험 이용하기 등이 그것입니다. 간단히 말해서 이것은 모든 과학적 방법의 기초입니다! 데카르트는 이 방법을 실제로 연구에 적용했습니다. 학창 시절 수학 시간에 흔히 들었을 '데카르트 좌표'를 기억하시나요? 하나의 점을 가로축과 세로축에 따라 지정하는, 아주 잘 알려진 방법이죠. 이름이 말해주듯이 이 방법도 데카르트가 고안했습니다. 수학 문제에서 처음으로 미지수를 'X'라고 부른 사람도 데카르트였습니다. 물리학에서도 여러 가지를 발견했지만, 특히 빛이 거울에 반사될 때, 마치 벽에 부딪혀 튀어나오는 공처럼 굴절한다는 사실도 그가 발견했습니다. 그는 생물학도 연구했습니다. 비록 이 분야에서 대단한 발견을 하지는 못했지만, 역시 접근 방법에 획기적인 변화를 불러왔습니다. 그는 생명체에 대한 당시의 생각 자체를 완전히 흔들어놓았습니다. 그는 『방법서설』에서 '동물-기계' 개념을 제시했습니다. 즉 생체 기관을 자동인형의 부속으로 간주한다는 것이죠.

이런 주장 때문에 그는 동물보호 운동가들이 최악의 인사로 지목하기도 합니다. 네, 데카르트는 동물을 '영혼'도 없고 '감각'도 없는 존재로 간주했습니다. 고통을 줬을 때 비명을 지르는 것도 기계에서 톱니바퀴 소음이 나는 것이나 다름없다고 봤던 겁니다. 하지만 그에 대한 비판은 조금 상대화해야 할 것 같습니다. 우선 동물이 '생각한다'는 사실을 인정하게 된 것이 그가 사망하고 나서 훨씬 뒤인 19세기였습니다. 게다가 '동물-기계' 이론에도 좋은 점이 있습니다. 데카르트는 생물의 생리학이 과학적이고 합리적인 법칙을 따른다고 생각했습니다. 그것은 당시로서는 혁명적인 사고였죠! 당시에는 생명체를 묘사할 때 '영양 있는, 예민한, 본질적 영혼' 혹은 '생명의 숨결' 같은 어휘를 사용했습니다. 당시 의사들은 다소 마법적이거나 종교적인 이런 주장들을 따랐습니다(데카르트와 동시대인이었던 극작가 몰리에르의 작품 「상상 환자」에 등장하는 무능력한 의사 주르댕를 떠올려보세요). 데카르트는 이런 마법적인 사고를 아주 낮게 평가했습니다. 그는 생체의 메커니즘이 물리적·화학적 법칙에 따른다고 판단함으로써 근대 의학의 길을 열었습니다. 그리고 그 길은 19세기 클로드 베르나르가 개척하게 됩니다.

기계를 고치듯이 인간의 몸을 고치는 것은 오늘날 전 세계 모든 병원에서 의사들이 하는 일이 아닌가요? 동물-기계 이론을 어떻게 생각하든 간에 우리 인간은 모두 동물이고 (적어도 부분적으로는) 우리의 '기계적 측면'을 현대 의학이 돌보고 있는 셈이죠.

오늘날 의사들은 '카르테지앵'인 덕분에 「상상 환자」에 등장한 의사보다 훨씬 더 능력 있다고 말할 수 있을 겁니다. 「상상 환자」에서 운율에 맞춰 시를 읊듯이 말하는 모든 등장인물과 달리 의사가 자신도 모르는 사이에 산문 투로 말하듯이 우리도 합리적으로 사고하는 순간 우리가 모르는 사이에 데카르트처럼 행동하는 셈입니다. 데카르트 방식이 과학적 방식의 기초라면, 그것은 과학 분야에만 국한되지 않겠죠. 데카르트 주의는 모든 형태의 사고에 과학적 성격이 있음을 말합니다. 그리고 우리는 그것을 '이성'이라고 부릅니다.

안토니 판 레이우엔훅

1632-1723

새로운 세계를 발견하는 데는 여러 갈래의 길이 있습니다. 깊은 바닷속이나 축축한 밀림, 높은 산 정상을 탐험할 수도 있죠. 안토니 판 레이우엔훅은 바로 코앞에 있지만 누구도 감히 들여다볼 생각을 하지 못했던 세계, 지극히 미세한 세계를 탐험했습니다.

그러나 그는 애초에 이런 모험이 어울리지 않는 인물이었습니다. 네덜란드의 작은 도시 델프트에서 일하는 평범한 포목상에 불과했으니까요. 하지만 그는 젊은 시절부터 일에 열중하기보다 천의 상태를 점검하는 데 쓰는 확대경으로 파리 같은 벌레를 즐겨 관찰했습니다. 결국, 그는 섬유 업계를 떠나 건설 측량사로 일하다가 포도주 검사원이 됐습니다.

하지만 시간이 나면 늘 현미경 제작에 몰두했죠. 그렇게 39세 나이에 그는 애호가로서 미생물학의 개척자가 됐습니다. 당시에도 현미경은 있었지만, 기능이 형편없었습니다. 안토니 판 레이우엔훅은 렌즈 표면의 굽은 각도가 클수록 확대율도 높아진다는 점에 주목했습니다. 하지만 대형 둥근 렌즈를 제작하기 어려웠으므로 그는 작은 렌즈만 만들었습니다. 실제로 그가 제작한 현미경은 오늘날 우리가 보는 현미경과 전혀 달랐습니다. 옷핀 머리 정도 크기의 아주 작은 유리구슬을 두 개의 작은 구리판 사이에 끼워 넣은 것이었죠. 그래도 사물을 맨눈으로 보는 것보다 300배나 크게 확대해서 볼 수 있었습니다.

그때부터 레이우엔훅은 손에 잡히는 모든 것을 현미경으로 관찰했습니다. '모든 것'이라고 했는데, 정말 모든 것이었습니다. 곰팡이, 벼룩, 코털, 물고기 비늘, 고기, 웅덩이 물, 침, 오줌, 똥… 그가 발견한 모든 것이 완벽하게 생소했던 만큼, 당시에 치솟았던 그의 명성을 이해할 만합니다. 무엇보다도 현미경으로 들여다본 세상에서는 모든 것이 꿈틀거리고 있었습니다! 레이우엔훅은 이것을 '극미동물'이라고 불렀고, 이후 19세기에 미생물학이 등장하면서 '미생물'이라고 부르게 됐습니다. 그는 인류 최초로 세균을 직접 목격했고, 그 대표적인 형태를 묘사해서 자료로 남겼습니다. 그의 작업에 관심을 보였던 과학자들은 자료를 보고 깜짝 놀랐고, 왕립 학술원에서는 학위도 없는 그를 회원으로 받아들였습니다.

어느 날 레이우엔훅은 호기심에 사로잡혀 현미경에 개구리알을 올려놓고 관찰했습니다. 한쪽 관에서는 서로 부딪히며 앞으로 나아가는 작고 붉은 수천 개의 알맹이가 있었고, 다른 쪽 관에는 반대 방향으로 나아가는 똑같은 알맹이들이 있었습니다. 그것은 바로 적혈구였죠. 인류 역사상 처음으로 혈액의 흐름을 목격한 순간이었습니다. 40년 전인 1628년 영국의 의사 윌리엄 하비(William Harvey)가 그 원리를 파악한 적은 있으나 이처럼 눈으로 직접 확인한 사례는 처음이었습니다.

또 하루는 진딧물을 현미경으로 관찰하다가 놀라운 사실을 발견했습니다. 이상하게도 암컷과 똑같이 생긴 새끼들만이 보였고, 수컷은 보이지 않았습니다. 레이우엔훅은 자신도 모르는 사이에 '단성생식' 즉 수컷 없이 암컷이 자기와 똑같이 생긴 생명체를 복제해내는 현상을 목격했던 것입니다.

그는 또한 과학의 발전을 위해 자위를 한 후에 나온 자신의 정액을 관찰한 최초의 과학자이기도 했습니다. 그는 현미경 렌즈 아래서 꿈틀거리고 꼬리치는 무수히 많은 벌레 같은 것을 봤고, 이를 '벌레 모양(vermicule)'이라는 이름으로 불렀습니다. '정충'을 발견한 역사적인 순간이었죠. 그는 런던의 왕립 학술원 원장에게 서한을 보내 "만약 저의 묘사에 학자 여러분께 혐오나 추문을 일으킬 만한 성격이 있다고 판단하신다면 비밀에 부쳐주시고, 원장님의 판단에 따라 출간하거나 폐기해주시면 좋겠습니다."라고 정중하게 요청하는 신중함을 보이기도 했습니다.

하지만 그가 두려워할 이유는 전혀 없었습니다. 왜냐하면 그의 작업은 모든 이의 관심을 불러일으켰으니까요. 실제로 과학자들만이 아니라 당시 제후들, 예를 들어 러시아의 황제 표도르 1세나 영국의 여왕 마리 2세 등은 레이우엔훅의 현미경으로 이것저것 들여다보고 싶어 안달했습니다.

하지만 사후에나 평가받았던 그의 재능이 무색할 정도로 그는 죽자마자 곧 잊혔고, 그의 현미경들도 경매에서 싼값에 팔렸습니다. 그의 약점이라면 아마도 대단한 이론을 정리하지 못했다는 것이겠죠. 하지만 그는 다른 어떤 '과학자'도 보려고 하지 않았던 것을 볼 줄 알았고, 발견은 그것을 직업으로 삼는 사람들의 전유물이 아니라 호기심 많고 대범한 모든 이에게 열려 있음을 스스로 증명한 인물이었습니다.

아이작 뉴턴

1643-1727

사람들은 '뉴턴' 하면 곧바로 '사과'를 떠올립니다. 그가 자기 정원의 사과나무에서 사과가 떨어지는 것을 보고, 혹은 떨어지는 사과에 머리를 얻어맞았을 때 번개처럼 '중력'에 대한 생각이 떠올랐다는 일화가 전해집니다. 이 일화는 신화 같은 이야기지만, 아이디어는 꽤 천재적입니다. 맞습니다, 지구는 달을 끌어당기고, 바닥은 사과를 끌어당기죠. 그러나 뉴턴이 유명해진 계기는 사과가 아니라 페스트였습니다. 1666년 런던에 역병이 창궐하자 그는 시골로 피신하게 됩니다.

수많은 인명을 앗아간 이 비극적인 해는 또한 '기적적인 해'이기도 했습니다. 단 한 사람의 업적이 인류의 과학적 사고를 혁명적으로 바꿔놓았기 때문입니다. 천 년을 단위로 볼 때 지식의 세계에서 이것은 전례 없는 사건이었고, 인류는 다음 천 년에서야 이와 비슷한 사건을 목격하게 됩니다. 바로 1905년 아인슈타인이 '상대성 원리'를 발표한 것이죠. 그러나 바람둥이었던 이 천재와 달리, 뉴턴은 육체적 욕망에 사로잡혀 과학적 책무를 소홀히하는 연구자가 아니었습니다. 왜냐면 그는 평생 성관계를 하지 않았던 것으로 알려졌습니다. 뉴턴은 여자들을 쫓아다니기보다는 즐겨 달을 관찰했습니다. 그는 다른 사람들이 '엉뚱하다'거나 '세속적이다'라고 서슴없이 말할 만한 질문을 서슴없이 던졌습니다. 예를 들어 그는 달이 왜 우주에서 직선 궤도를 따라 멀어져가지 않고 늘 지구 주변에 남아 있는지 궁금해했습니다. 그리고 지구가 달을 끌어당기는 힘이 작용하기 때문이라고 생각했습니다. 뉴튼은 이 힘을 '중력(인력)'이라고 불렀습니다. 그리고 이 힘은 모든 사물을 아래로 떨어지게 하고, 항성들이 태양 주위를 돌게 한다고 주장했습니다.

하지만 당시에는 이런 주장이 설득력을 얻을 수 없었죠. 어떤 강력한 법칙이 지구와 우주에 작용한다는 생각 자체가 완벽하게 혁명적이었습니다. 아리스토텔레스 이래 사람들은 우주가 둘로 갈라져서 한쪽에는 지구와 달의 '불완전한' 세계가 있고, 다른 한쪽에는 항성들의 '완전한' 세계가 있다고 믿었습니다. 그런데 똑같은 원리가 저기 높은 곳과 여기 낮은 곳을 똑같이 지배한다는 주장은 신성모독으로 받아들여졌을 겁니다. 하지만 논리적 추론의 힘이 주도하는 세계에서 종교 교리는 점점 그 위력을 잃어갔습니다! 뉴턴의 이론들은 실험을 통해 확인됐고, 그의 사후에도 계속해서 증명됐습니다.

이처럼 뉴턴은 지구가 완벽하게 둥근 형태의 구가 아니라 자전 때문에 적도 부분이 튀어나오고 양극 부분이 납작해진 형태가 됐다고 주장했고, 이 주장은 사실로 밝혀졌습니다. 1735-36년 과학 학술원에서는 페루와 파를란드로 원정을 떠나 적도 지방과 극 지방의 자오선을 각각 측정했습니다. 그 결과, 뉴턴의 주장이 정확했다는 사실을 확인했습니다.

뉴턴이 제시한 또 다른 예측은 바로 핼리 혜성의 재등장이었습니다. 이 혜성은 1682년에 처음 관찰됐는데, 뉴턴은 천문학자 에드먼드 핼리(이 혜성에 그의 이름을 붙였습니다)와 함께 계산해서 1758년에 다시 나타난다고 예측했습니다. 그리고 그의 예측은 적중했습니다! 또한, 그는 천왕성의 운동 궤적이 불규칙하다는 사실에 주목했습니다. 그는 그것이 당시에 알려지지 않았던 다른 행성의 인력 때문이라고 판단했는데, 결국 그 행성은 1846년에 발견된 해왕성이었습니다.

뉴턴이 관심을 보인 대상은 천체의 항성만이 아니라 포탄이나 시계추처럼 움직이는 모든 물체에 적용되는 운동의 법칙을 정립하고자 했습니다. 이 '기적의 해'에 그는 빛이 무지개에서 볼 수 있는 모든 색으로 구성됐다는 사실도 확인했습니다.

그리고 남는 시간에 수학을 연구했습니다. 미적분학을 발전시켜서 (고트프리트 빌헬름 라이프니츠도 이 분야를 연구했으나 그와 무관하게 독립적으로 연구했습니다) 모든 종류의 사물의 길이와 표면을 계산해냈습니다. 이 모든 업적을 1년 만에 이뤘던 겁니다!

하지만 뉴턴의 삶이 오로지 과학 연구로만 점철됐던 것은 아닙니다. 세속과 무관한 상태로 상아탑에서 살아가지는 않았죠. 1699년 영국의 왕이 그를 조폐국 장관으로 임명하자, 그는 위폐범들을 체포해서 가차 없이 처형하는 단호함을 보이기도 했습니다.

그의 연구 분야도 과학에서 신비의 영역으로 옮겨가서 성서에 등장하는 예언의 사실성을 증명하는 작업에 몇 년의 세월을 보내기도 했습니다. 아이러니하게도 이런 신비적인 성향은 그의 과학적 업적에 영향을 끼치기도 했습니다. 실제로 우주 공간을 가로질러 엄청나게 먼 거리에 있는 항성들에까지 작용하는 중력에는 뭔가 마법적인 것이 있는 것 같지 않습니까? 게다가 뉴턴은 중력의 본질을 설명한 적이 없었기에 그 설명을 들으려면 시공간의 굴절을 통해 상대성의 원칙을 이야기한 아인슈타인의 출현을 기다려야 했습니다.

마법이든 아니든, 사과든 뭐든, 이 사실만은 기억해야 할 것 같습니다. 즉 인류의 역사에서 위대한 혁명 중 하나가 바로 냉정하면서도 신비스러웠던 과학자에 의해 실현됐다는 사실 말입니다.

칼 폰 린네

1707-1778

서류나 자료를 정리하는 데 문제가 있다면 잠시 스웨덴의 생물학자 칼 폰 린네를 생각해봐도 좋겠습니다. 그는 문자 그대로 살아 있는 세계 전체를 성공적으로 분류하고 정리한 인물이었습니다! 자료가 산처럼 쌓여 있는 작업실을 상상해보세요! 우리를 둘러싼 것들에 질서를 부여하고 싶어 하는 것은 인간 본성이고, 그렇게 주변이 정리되고 정돈돼야 우리는 제대로 사고하고, 세상을 제대로 이해할 수 있습니다. 하지만 무생물인 서류나 자료가 아니라 살아 있는 생명체에, 존재하는 모든 식물과 동물에 질서를 부여하기는 쉽지 않죠. 린네와 동시대인이었던 프랑스의 박물학자 조르주 뷔퐁(Georges Louis Leclerc de Buffon)은 동물을 분류할 때 인간에 대한 유용성을 기준으로 삼았습니다…

린네는 동식물에 어떤 질서를 부여하고자 했습니다. 그의 열정은 무엇보다도 식물에 있었기에 다양한 식물 종을 찾아 스웨덴에서 가까운 발트해나 라플란드 지역으로 원정을 떠나기도 했습니다. 그는 수천 가지 식물 종을 묘사했고, 분류를 위해 어떤 기준을 마련하고자 했습니다. 그는 그 기준으로 성(sex)을 택했습니다. 그렇게 암컷의 기관(암술)과 수컷의 기관(수술)이 배치된 방식에 따라 식물을 24종으로 구분했습니다. 당시에 어떤 이들은 린네의 이런 체계가 '음란하다'면서 '부도덕성'을 비판하기도 했습니다. 하지만 린네는 그 정도 비난에 부딪혀 연구를 포기할 인물이 아니었습니다.

그는 식물을 연구하고 나서 다른 분야의 분류에도 도전했고, 점점 더 커지고 넘치는 수많은 서랍에 자료를 꾸준히 축적했습니다. 그렇게 동물계, 식물계, 광물계로 크게 구분하고, 각각의 생물계에는 문, 강, 목, 과, 속, 종, 변종 등의 계급을 새로 도입했습니다. 그리고 각각의 생물에 체계적으로 학명을 붙였는데, 그의 유명한 '이명법'을 고안했습니다. 즉 각각의 개체를 명명할 때 라틴어로 앞에는 속명(屬名)을, 뒤에는 종명(種名)을 붙였습니다. 예를 들어 말(馬)은 '에쿠스 카발루스(Equus caballus)', 당나귀는 '에쿠스 아시누스(Equus asinus)'라고 불렸습니다. 다시 말해 말과 당나귀는 같은 종(Equus)이지만 속이 서로 다르다는 것을(caballus, asinus) 알 수 있습니다. 인간도 마찬가지였습니다. 인간은 학명으로 '호모 사피엔스(Homo sapiens)'라고 불렸습니다. 다시 말해 '호모'는 포유류이며 영장류에 속하는 '인간 속'을 말하고, '사피엔스'는 화석 인류와 구분해서 '현 인류 종'을 말합니다. 이처럼 린네는 인간도 동물로 분류했던 최초의 과학자였습니다.

한 세기 뒤에 다윈이 진화론을 발표했다는 사실을 생각하면 린네의 통찰력이 돋보입니다. 하지만 교회에서 내리치는 벼락을 맞았던 이 진화론의 아버지와 달리 린네는 일찍이 여러 부류의 사람들에게서 두루 명성을 얻었습니다. 심지어 과학의 역사에서 전례 없는 존경을 받았던 인물이 바로 린네였습니다. 그는 자신의 조국인 스웨덴에서 왕실 주치의로 임명됐고, 동전에 그의 초상이 새겨질 만큼 인기 있는 인물이었습니다. 게다가 그의 명성은 곧 국경을 넘어 1787년부터 전 세계에 린네 학회가 설립됐습니다. 공원에서 축제를 열고, 꽃다발을 걸어놓은 그의 동상 아래서 노래도 하고, 식물학의 영광을 드높이는 연설문도 낭독했습니다. 이 시대만큼 생물학이 대중의 관심을 받았던 적도 없습니다. 작가들도 큰 관심을 보였는데 예를 들어 계몽주의 철학자 장 자크 루소(Jean Jacques Rousseau)는 린네와 이 분야에 대단한 흥미를 느꼈던 것 같습니다.

하지만 린네의 과학에는 무엇보다도 시(詩)와 정치가 결합했다는 점이 주목할 만합니다. 실제로 린네가 제시한 분류의 논리는 계몽주의 시대의 이성주의와 완벽하게 맞아떨어집니다. 1793년 10월 24일, 프랑스 달력에서 성자들의 이름이 식물의 이름(회향, 홉, 옥수수 등)으로 교체됐습니다. 린네에게 바친 이런 경의는 오늘날 포르투갈의 일상적인 표현에서도 찾아볼 수 있습니다. 'E Vulgar de Lineu', 즉 '린네처럼 명쾌하다'라는 뜻입니다. 달리 말하면 오늘날에도 린네 덕분에 생물의 세계에서 모든 것을 더욱 명백하게 보게 됐다는 겁니다. 이제는 종을 분류하는 방식이 비록 유전학에 바탕을 두고 있다고 해도, 속명과 종명을 이어 쓰는 린네의 이명법은 여전히 사용되고 있습니다.

정리 정돈을 잘하는 것과 이름을 잘 붙이는 것은 언제나 함께 이뤄져야 합니다. 혹시 여러분에게도 자료 정리에 골머리를 앓는 일이 생긴다면, 이 점을 꼭 기억하세요.

앙투안 로랑 드 라부아지에

1743-1794

1789년경, 프랑스에서는 혁명이 유행이었습니다. 어떤 사람은 바스티유 감옥을 공격했고, 또 어떤 사람은 화학을 공격했죠. 실제로 앙투안 라부아지에는 당시에 '분자 세계의 로베스피에르'라고 불렸습니다. 그가 발견한 수많은 사실 중에서 연소 현상과 물과 공기 구성의 동일성은 대표적입니다. 하지만 무엇보다도 그의 업적은 근대 화학의 초석을 깔았다는 데 있습니다. 그가 출현하기 전에는 내용을 알 수 없는 재료들을 솥단지에 넣고 끓이는 연금술사들이 있었을 뿐입니다. 그러나 라부아지에가 등장한 이후 이론에 부합하는 정확한 자료를 제시하는 화학자들이 출현했습니다. 과학 분야에서 라부아지에는 조숙한 청년이었습니다. 불과 23세에 도시의 조명 체계를 개선할 계획을 세우는 재능을 드러냈죠. 이 계획으로 그는 루이 15세로부터 금메달을 받기도 했습니다. 하지만 과학만으로는 그의 그릇을 채울 수 없었습니다. 그는 마치 다른 사람들이 정원을 가꾸듯이 화학을 했습니다. 다시 말해, 아침과 저녁에, 일과 전후에, 그리고 주말에만 했다는 겁니다. 하지만 이런 식으로 해서 그는 단 6년 만에 이 분야를 완전히 혁신했습니다. 생업으로 국립 화약 공장 감독관으로 근무하는 등 일찍이 사회생활을 시작했는데 특히 왕궁의 징세 청부업자로 활동하기도 했습니다. 이 일은 양날의 칼과 같은 것이었는데 그가 연구를 계속할 수 있게 해주는 재정적 수단이 됐지만, 결국 그를 단두대로 보낸 원인이 됐기 때문입니다.

혁명은 흔히 불길로 시작한다고 하던데, 라부아지에의 혁명도 이런 속설에서 벗어나지 않았습니다. 그가 성을 불태우지는 않았지만, 문제가 된 물질의 견본을 태운 것은 사실이었습니다. 그는 어떤 물질이, 예를 들어 인(P) 같은 물질은 연소한 뒤에 오히려 무게가 늘어난다는 사실이 궁금했습니다. 별것 아닌 문제 같지만, 이런 작은 불씨가 이후 모든 사건의 단초가 되곤 합니다. 그의 해석은 당시 정설로 여겨지던 독일 과학자 게오르크 슈탈(Georg Ernst Stahl)의 주장과 배치됐습니다. 슈탈은 '연소(phlogistique, 燃素 : 산소가 발견되기 전까지 가연성의 주요소로 여겼던 물질)'의 개념을 도입했습니다. 즉 모든 물질은 불에 타면서 연소를 상실하고 더 무거워진다고 주장했습니다. 왜냐면 상실한 연소에는 마이너스 총량이 있다고 믿었기 때문이죠. 라부아지에는 이와 반대로 연소한 물질은 그 물질과 결합한 산소 때문에 더 무거워진다는 사실을 증명했습니다. 이 사건은 그야말로 충격적이었습니다. 왜냐면 당시에는 물질이 타는 데 공기 중의 산소가 중요한 역할을 한다는 사실을 아무도 몰랐기 때문입니다. 놀라움은 거기서 그치지 않았습니다… 라부아지에는 이어서 공기가 두 가지 기체로(사실은 두 가지보다 훨씬 더 많은 요소가 있지만, 가장 중요한 두 가지를 말하자면) 이뤄졌다고 주장했습니다. 불을 붙인 초와 생쥐를 종 안에 넣고 첫 번째 기체를 주입하면 촛불은 꺼지고 생쥐는 죽습니다. 두 번째 종에 똑같이 초와 생쥐를 넣고 두 번째 기체를 주입하면 이와 반대로 촛불은 활활 타오르고 생쥐도 활기에 차 있습니다. 라부아지에는 첫 번째 기체를 '질소', 두 번째 기체를 '산소'라고 불렀습니다.

그의 관심은 공기에서 물로 옮겨 갔습니다. 고대 그리스 시대부터 사람들은 물을 '단일 요소'로 믿었습니다. 다시 말해서 분해할 수 없다고 믿었던 거죠. 1785년 라부아지에는 판정관들을 초대해서 이틀에 걸쳐 진행되는 실험을 참관하게 했습니다. 그리고 실험의 결과로 물이 산소와 수소로 구성됐음을 증명했습니다. 바로 이것이 저 유명한 H_2O 화학식으로 향하는 첫걸음이었습니다. 사람들은 흔히 라부아지에가 '사라지는 것은 없다, 생기는 것도 없다, 모든 것은 변할 뿐이다'라는 유명한 말을 남겼다고 하지만, 애석하게도 증거는 없습니다… 설령 그가 그렇게 생각했다고 해도 이 정의는 이미 오래전부터 사람들 입에 오르내렸습니다. 어쨌든 그의 천재성은 실험 전후에 모든 요소를 저울질하면서 그 원칙을 실행에 옮겼다는 데 있습니다. 놀라운 정밀성으로 엄격하게 균형을 맞추는 태도는 화학을 근대 과학이 되게 한 비결이었죠.

하지만 라부아지에가 과학 분야에서 혁명적이었다면, 정치 분야에서는 그렇지 못한 것이 문제였습니다. 징세 청부업자로서 그는 세금 포탈을 막고자 파리시 전체를 둘러싸는 장벽을 세우고자 했으나 파리 시민은 그 엄청난 계획에 찬성할 수 없었습니다. 사실상 징세 청부업자는 공무원이 아니라 민간업자로 왕에게 목돈을 빌려주고 그 대가로 세금 징세권을 부여받아 자기 마음대로 금액을 정해 세금을 거뒀습니다. 그렇게 고액의 세금을 갈취했으니, 대중의 미움을 받던 징세 청부업자들이 대혁명 기간에 몰살당한 것은 당연한 귀결인지도 모릅니다. 그래도 가난한 사람들의 생활 조건 개선을 주장하고 노예제도 폐지에 찬성하는 등 라부아지에에게는 선량한 면도 있었습니다. 1789년에는 바스티유 감옥 해체에도 참여해 기여했습니다. 그러나 설령 그가 개혁의 편에 섰다고 해도 그것은 어디까지나 입헌군주정의 틀 안에서 이뤄진 선택이었습니다. 요즘 말로 하자면 그는 사회민주주의자라고 할 수 있겠죠. 당시에 사람들은 그런 태도를 긍정적인 시선으로 바라보지 않았습니다. 마라는 그가 '반혁명적으로 행동'했다면서 그를 '초보 화학자'로 간주했는데, 이는 앙심을 품고 보복하려는 의도에서 나온 반응이었습니다. 1793년 라부아지에는 27명의 다른 징세 청부업자와 함께 체포됐습니다. 인민을 수탈해 치부했다는 죄목으로 고소돼 불과 몇 시간 만에 사형선고를 받고 5개월 뒤에 단두대에서 처형됐습니다. 1882년 공화국은 파리 시청 건물 전면에 몰리에르, 볼테르 동상 옆에 그의 자리를 마련해줬습니다. 잘 생각해보면 '머리가 잘린 사형수'에서 '조각상의 돌덩이'가 된 것은 '모든 것은 변할 뿐'이라던 라부아지에의 평소 소신을 몸소 실천한 것은 아닌가 하는 생각도 듭니다.

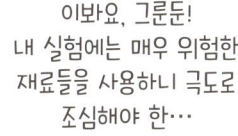

찰스 다윈

1809-1882

사람들이 흔히 말하는 것과 달리 우리는 원숭이의 후손이 아니라 원숭이입니다. 이것은 찰스 다윈의 연구 덕분에 알게 된 사실입니다. 하지만 다윈은 '진화론'이라는 이 진정한 혁명의 주인공이 되지 못할 뻔했습니다. 그는 애초에 의학을 전공하려고 했다가(하지만 피를 보는 상황을 견디지 못했답니다), 성직자가 되려고 했다가 결국 생물학으로 진로를 바꿨습니다. 그러다가 과학탐구를 위한 원정에 참여할 박물학자를 찾는다는 소식을 듣고는 모든 것이 달라졌습니다. 하지만 거기에도 변수는 있었습니다… 바로 그의 코가 문제였죠. 관상학에 심취한 배의 선장이 그의 코를 문제 삼았던 겁니다. 관상학은 얼굴 생김새에 따라 개인의 성격과 운명이 결정된다고 주장하는 유사 과학입니다. 그러나 다행히도 다윈의 신청서가 채택되면서 1831년 12월 27일, 스물두 살 젊은 다윈은 왕립해군함 비글호를 타고 5년간 전 세계를 여행하게 됐습니다. 그는 기착지마다 내려서 동물을 관찰하고, 생체 기관과 화석을 모아 풍부한 자료를 수집했습니다. 그러던 중 갈라파고스 제도에 도착했을 때 놀라운 발견을 하게 됩니다. 여러 섬에서 서식하는 방울새는 모두 똑같이 생겼으나 사는 섬에 따라 부리만 서로 달랐습니다. 당시 사람들이 그렇게 믿었듯이 만약 신이 세상의 모든 동물 종을 만드셨다면 왜 지구라는 한정된 공간에 서로 비슷한 종류를 그토록 많이 만들었을까요? 다윈은 방울새를 자세히 관찰하면서 고유한 삶의 방식에 따라 부리도 각기 다르다는 사실을 발견했습니다. 곡식이 많이 나는 지역에 사는 방울새의 부리는 껍질을 벗기기에 적합하도록 크고 짧았고, 선인장이 많은 지역에 서식하는 방울새의 부리는 가시 사이로 열매를 따 먹기에 적합하도록 길고 뾰족했습니다. 다윈은 해답을 찾았습니다. 방울새들은 모두 같은 종에 속하지만, 세월이 흐르면서 환경에 따라 서로 다른 모습이 됐던 겁니다! 그렇게 진화의 과정을 거쳤던 것이죠. 다윈은 먼저 원예업자들과 축산업자들이 동식물을 기르면서 자기 사업에 유리한 종으로 만들려고 '인공선택'을 거듭하는 현상에 주목했습니다. 그리고 자연환경도 '자연선택'을 하면서 이 같은 역할을 한다고 판단했죠.

다윈은 경제학자 토머스 맬서스(Thomas Malthus)의 이론에서도 영감을 얻었습니다. 그는 동물 세계에서 어떤 종의 수는 다른 종의 제한을 받지 않는다면, 식량 자원이 감당할 수 있는 수준을 넘어버린다는 사실에 주목했습니다. 그래서 '생존경쟁'의 기제가 작동한다는 거였죠. 실제로 다윈의 천재성은 진화 메커니즘을 설명하는 과정에서 드러납니다. 생물의 종이 진화한다는 생각은 이미 1802년 '생물학'이라는 용어를 만든 프랑스의 박물학자 장 바티스트 드 라마르크(Jean Baptiste Lamarck)도 인정한 바 있습니다. 하지만 그는 각 개체의 노력에 따라 변형이 생긴다고 주장했습니다. 예를 들어 기린의 목이 긴 것은 높은 곳에 있는 열매를 따 먹으려고 수없이 목을 늘이다 보니 그렇게 됐다는 거죠. 반면에 다윈은 여러 세대가 이어지면서 예측할 수 없는 방향으로 변형이 이뤄진다고 봤습니다. 번식에 유리하고, 유전될 수 있는 변형을 겪은 개체만이 주어진 환경에서 살아남고, 그 변형도 후세에 이어진다고 생각했던 겁니다. 목이 긴 기린도 있고, 목이 짧은 기린도 있으나 목이 긴 기린만이 살아남은 것은 먹이에 더 쉽게 접근할 수 있었기 때문이라는 거죠.

이 이론은 혁명적이었지만, 상황은 단순하지 않았습니다. 젊은 박물학자 앨프리드 러셀 월리스(Alfred Russel Wallace)에게 그의 명성을 빼앗길 뻔했기 때문입니다. 월리스는 특히 '자연선택'에 관해 아주 세밀한 부분까지 다윈과 거의 똑같은 사고를 전개했습니다. 다윈은 월리스가 자연선택 개념을 정립했다는 월리스의 편지를 받고 자극받아 『종의 기원(the Origin of Species)』 집필을 끝냈지만, 거기에 자연선택 개념을 새로 포함했습니다. 두 사람은 경쟁자가 아니라 친구가 됐고, 월리스는 연구에서 늘 다윈의 우선권을 인정했고, 다윈은 경제적 어려움을 겪는 월리스가 정부의 지원금을 평생 받을 수 있도록 도왔습니다. 1859년 다윈이 『종의 기원』을 출간했을 때 교회는 경악했고 일제히 비판을 쏟아냈습니다. 다윈이 등장하기 전에는 모든 생명체가 신의 계획에 따라 태어났다고 믿었기 때문이죠. 다윈은 모든 동식물이 신과 무관하게 존재하고, 인간도 다른 종과 마찬가지로 동물에 불과하다는 사실을 보여줬습니다. 사무엘 윌버포스(Samuel Wilberforce) 주교와 다윈의 친구였던 토머스 헨리 헉슬리(Thomas Henry Huxley) 사이에 저 유명한 논쟁이 벌어졌을 때 윌버포스가 헉슬리에게 '다윈이 원숭이의 후손이라면, 그의 혈통은 할아버지 쪽인가, 아니면 할머니 쪽인가'라고 묻자, 헉슬리는 '나는 내 조상이 주교이기보다는 차라리 원숭이기를 바란다'고 대답했다는 일화가 전해집니다.

다윈의 주장은 신자들에 의해 부정됐을 뿐 아니라 심지어 그의 옹호자 중 일부에 의해 '생존경쟁'의 이름으로 강자의 약자 지배, 심지어 약자 말살을 정당화하는 '사회적 다윈주의' 혹은 '우생학'으로 왜곡되기도 했습니다. 이는 협동과 상호부조 역시 이를 실천하는 개체들의 생존에 유리하다면 진화에 의해 선택될 가능성이 크다고 생각했던 다윈의 주장에 대한 명백한 왜곡일 수밖에 없습니다.

하지만 오늘날에도 미국의 창조론자부터 여러 계파의 이슬람주의자에 이르기까지 다윈의 주장을 말살하려는 사람이 여전히 많다는 사실이 놀랍습니다. 이는 다윈의 발견이 지금도 진행 중이며 아직 갈 길이 멀다는 뜻이기도 합니다.

클로드 베르나르

1813-1878

의학은 과학인가요, 기술인가요? 아직도 이런 논쟁을 벌이는 사람들이 있습니다. 어쨌든 오늘날 의사는 몰리에르의 희극에 등장하는 엉터리 의사보다는 훨씬 더 과학적인 사람인 것만은 분명합니다. 그리고 그렇게 된 것은 한 사람, 클로드 베르나르 덕분이라고 말할 수 있습니다. 오랜 세월 의사들은 근거 없는 믿음에 바탕을 두고 시술해왔습니다. 예를 들어 사혈에 치유 기능이 있다고 믿었지만, 효과를 검증하려는 노력을 기울이지는 않았습니다. 가정을 사실과 대조하고, 실험을 통해 확인하거나 부정하는 과학적 방법과 대치되는 습관이었죠. 17세기부터 물리학과 화학 분야에서는 그런 변화가 일어났지만, 사람의 생명을 다루는 의학 분야에서는 그럴 생각조차 하지 못했고, 시도한 사람은 아무도 없었습니다. 그런 상황에서 클로드 베르나르가 등장했습니다. 그의 책 『실험 의학 서론(Introduction à l'étude de la médecine expérimentale)』(1865)은 과학으로서 의학의 출생증명서와 같은 것이었습니다. 하지만 그는 축성을 받지 못할 뻔했습니다. 젊은 시절 그는 문학에 심취해 작가가 되기를 꿈꾸고 몇 편의 희곡도 썼지만, 어느 문학 비평가가 그에게 '진짜 직업'을 찾으라고 하자 절망했습니다. 그리고 의사가 됐습니다. 그리고 병원에서 환자를 돌보기보다 동물 해부하기를 더 좋아했습니다. 그것이 그가 프랑스에서 가장 권위 있는 교육 연구 기관인 콜레주 드 프랑스의 자기 연구실에서 했던 일이었죠. 당시 의학 지식은 해부를 통해 얻었습니다. 시체를 해체하고, 눈에 보이는 기관들을 묘사했죠. 하지만 여러 기관이 배치된 상태가 기능까지 말해주지는 않았습니다. 클로드 베르나르는 인체에서 화학 반응이 일어난다는 사실을 간파했습니다. 그는 그 작용을 이해하는 데 과학적 논리를 택했습니다. 예를 들어 그는 '화학적 결합은 체내 어느 기관, 어느 부위에서 일어날까?'라는 의문을 품고, 함께 반응하면 파란색으로 변하는 두 가지 액체를 동물의 두 갈래 정맥에 각각 주사했습니다. 그리고 해부했을 때 위와 방광이 파란색으로 물들었다는 사실을 확인했습니다. 이런 방법으로 (그리고 당사자 의견도 묻지 않고 희생시킨 개와 토끼와 다른 동물들의 도움으로) 그는 췌장의 기능, 생체 기관의 체온 조절, 이산화탄소 중독 기제 등 새로운 발견을 거듭합니다. 기관의 정상적인 활동을 관찰하는 것만으로는 충분하지 않고, 예외적인 조건에 노출해보는 것이 유익할 수 있다고 판단한 그는 독을 '화학적 메스'처럼 사용하기도 했습니다. 그는 신대륙에 원정을 떠났던 사람들이 가져온 큐라레(남미 원주민들이 화살촉에 칠하는 독약) 묻힌 독화살을 수거해서 근육의 메커니즘을 이해하는 데 사용하기도 했습니다. 이 실험에도 역시 동물들의 희생이 따랐습니다. 하지만 (특히 해부가 필요한 실험이 아니라면) 그는 자신을 실험 대상으로 삼기도 했습니다. 그는 또 이런 의문을 품기도 했습니다. "조류(오리)를 먹고 나면 오줌에 늘 요산이 많이 나온다. 왜 그럴까?" 그렇게 화장실에 가면서도 생화학의 기초를 세우기도 했습니다. 특히 영양에 관한 연구에서 그는 신체 기관에 포함된 당(糖)에 관심을 보였습니다. 그때까지는 혈당이 당연히 음식물에서 온다고 생각했습니다. 그러나 클로드 베르나르는 단것을 먹지 않는 동물에게도 혈당이 있다는 사실을 확인했습니다. 그리고 당이 간에서 생성되고 기관 전체로 퍼져나간다는 사실을 알아냈습니다. 그것은 놀라운 발견이었습니다! 기관이 필요한 물질들을 분비하고, 저장하거나 필요에 따라 혈액에 내보낸다는 것입니다. 몸은 스스로 조정하면서 스스로 작동하는 기계였습니다. 이 혁명적인 사고를 알리기 위해 클로드 베르나르는 나중에 '항상성(homeostasie: 생명체가 환경 변화에 대해 자기 자신을 변화시켜 평형상태를 유지하려는 기능)'이라는 이름으로 불리게 될 '내부 환경(milieu interieur)' 개념을 제시했습니다.

클로드 베르나르의 작업은 근대 의학의 초석을 깔았고, 그 중요성을 의식한 베르나르 자신도 스스로 '나는 생리학이다'라고 선언했습니다. 이 개념으로 그는 국가적 인정을 받았고, 사후에는 국가에 큰 공을 세운 군인이나 정치인에게나 허락되는 '국장(國葬)'으로 장례식을 치르는 등 영광을 누렸습니다. 그러나 그의 가정에서는 이 위대한 인물의 업적이 평가받지 못했습니다. 실제로 그의 가정생활은 절망적이었습니다. 그의 아내와 두 딸은 그의 실험에 역겨움을 느껴 그를 떠났고, 동물 보호 운동에 전념했습니다. 동물 보호 시설을 세우고, 동물 생체 실험에 반대하는 단체에서 동물의 권리를 위해 투쟁했습니다. 일 때문에 가정이 파괴된 클로드 베르나르에게는 서글픈 일이지만, 그가 위대한 업적을 이루고자 희생시켰던 동물의 고통에 아무도 관심을 보이지 않았다면, 그것은 더욱 안타까운 일이었을 겁니다.

그레고어 멘델

1822-1884

오늘날 '유전학'이라고 하면 엄청나게 복잡한 첨단 기술 조작 같은 것을 상상합니다. 하지만 이 과학은 단순하게 완두콩을 기르던 한 오스트리아 수도승의 정원에서 시작됐습니다. 그의 이름은 그레고어 멘델이었고, 그가 발견한 것은 유전 법칙이었습니다. 어버이가 자손에게 물려준 특징은 후일 '유전자'라고 부르게 될 번식 세포에 저장돼 있다는 주장이었죠.

이 이야기는 오늘날의 체코 공화국 브르노에서 벌어진 사건입니다. 농부의 아들로 태어나 너무 가난해서 대학에 갈 수 없었던 요한 멘델은 수도원에 들어가 '그레고어'라는 이름을 얻었습니다. 하지만 그는 기도나 하며 시간을 보내기에는 호기심이 너무 많은 수도승이었죠. 그는 물리학 강의도 들었고, 양봉과 기후학에도 관심을 보였습니다. 농부들은 오래전부터 서로 다른 품종의 교배를 통해 생산성을 높이는 방법을 알고 있었지만, 유전 법칙은 신비의 영역에 남아 있었습니다. 어떤 아이는 부모를 빼닮았지만, 또 어떤 아이는 닮은 구석이 전혀 없는데, 이런 현상을 어떻게 설명해야 할까요? 당시에 식물학자들은 선대의 특성이 후대에 전해지는 것은 우연이라고 생각했습니다. 하지만 멘델은 그런 생각에 의문을 품었죠. 1856년 그는 완두콩을 가지고 실험을 시작합니다. 아스파라거스나 호박이 아니라 왜 완두콩이었냐고요? 왜냐하면 완두콩은 기르기 쉽고, 빨리 자라니까요. 하지만 무엇보다도 콩알의 형태나(반들반들하거나 쭈글쭈글하거나), 색이나(노란색이거나 초록색이거나), 줄기의 길이(짧거나 길거나) 등이 매우 다양했기 때문입니다. 멘델은 수많은 교배 실험을 하고 매번 그 결과를 분석했습니다. 초록색 콩과 노란색 콩을 교배하거나, 반들반들한 콩과 쭈글쭈글한 콩을 교배하면 어떤 콩이 나올까요? 그 2세대를 또 교차해서 교배하면 3세대는 어떻게 될까요? 이렇게 얻은 결과를 바탕으로 그는 통계적인 법칙을 정리했습니다. 우선 '1세대의 어떤 특성은 그대로 2세대에 전달되지만, 다른 특성은 2세대에서 나타나지 않는다'는 것입니다. 그는 이 첫 번째 특성을 '우성'이라고 불렀고, 두 번째를 '열성'이라고 불렀습니다. 그리고 두 번째 특성은 '2세대에서 유전적 특성은 언제나 1세대와 같은 비율로 나타난다.'는 것입니다. 이처럼 멘델은 유전 법칙을 설명하는 이론을 정립했습니다. 각각의 번식 세포는 다음 세대에 전달되는 여러 특성이 저장된 '인자'를 포함하고, 2세대 개체는 암컷과 수컷 1세대에게서 물려받은 양쪽의 인자를 모두 포함한다는 것입니다. 1909년 네덜란드의 식물학자 빌헬름 요한센은 이 인자를 '유전자'라고 불렀습니다. 이렇게 멘델은 완두콩을 통해 유전학의 기초를 마련했습니다. 하지만 처음에 멘델의 작업은 주목받지 못했습니다. 1866년 그는 자신의 연구 결과를 책으로 출간하고, 당시에 가장 권위 있는 최고의 식물학자들에게 자신의 소논문을 보내기도 했습니다. 하지만 안타깝게도 그에게 아무도 관심을 보이지 않았죠. 심지어 다윈마저도 그랬습니다. 특히 다윈은 몇 년 전에 진화론에 관한 책을 출간했으나 거기서 자손의 특성이 어버이의 특성과 달라지는 기제를 설명하지 못했습니다. 만약 그가 멘델의 연구를 읽었다면 틀림없이 도움을 받았을 텐데 말입니다.

하지만 그건 당연한 일이었습니다. 다윈은 '유전자'의 존재를 몰랐기 때문입니다. 유전학은 어버이의 특성이 자손에게 전달되는 기제를 설명할 수 있었지만, 수십 년간 생물학자들은 그런 사실을 모르고 있었습니다. 멘델의 존재가 알려지지 않았던 것은 아마도 그가 주목받는 대학교수도 아니고 일개 수도승에 불과한 데다 당시 식물학자들에게는 익숙하지 않은 통계를 사용했기 때문일 겁니다. 멘델이 사망한 시점에도(그의 의사가 체중 감량에 좋다며 추천한 대로 매일 20여 대의 시가를 피운 것이 적어도 20년은 수명을 단축한 것으로 보입니다) 과학자 집단에 그는 무명인이었습니다. 결국, 그가 세상을 떠난 지 35년이 흐른 뒤에야 영광의 자리에 오를 수 있었죠. 1900년 그의 업적은 세 명의 과학자, 네덜란드의 휴고 드 브리스(Hugo de Vries), 독일의 카를 코렌스(Carl Correns), 오스트리아의 에리히 폰 체르마크(Erich von Tschermak)에 의해 동시에 재발견됐습니다. 그때부터 그레고르 멘델은 유전학의 설립자로 인정받았습니다. 하지만 이 시절에는 심지어 이 분야의 명칭도 제대로 정해지지 않은 상태였죠. 결국, 1905년에야 영국의 식물학자 윌리엄 베이트슨(William Bateson)이 '기원'을 뜻하는 그리스어 'ghenetikos'를 바탕으로 'genetics(유전학)'이라는 용어를 확정했습니다. 오늘날 유전학은 의학에서부터 농산물가공 분야에 이르기까지 다양한 분야에 침투했고, 심지어 범죄나 동성애, 불륜 성향 등 모든 주제에서 유전자의 영향을 찾기도 합니다. 이런 현상은 오로지 인내와 철저한 관찰을 연구 수단으로 삼았던 정원사 수도승의 의도에서 사뭇 멀어졌다고 볼 수밖에 없을 것 같습니다.

루이 파스퇴르

1822-1895

많은 과학자 중에서 파스퇴르는 아마도 우리 일상을 가장 많이 바꿔놓은 인물일 겁니다. 파스퇴르 덕분에 우리는 '저온살균법'으로 소독한 우유를 마시고, 예방접종을 하고, 식사하기 전 손을 씻게 됐습니다. 더 일반적으로 말하자면 미생물이 우리 건강에 끼치는 영향을 잘 알게 됐습니다. 하지만 의학을 획기적으로 발전시킨 이 사람은 의사가 아니라 화학자였습니다. 프랑스의 쥐라 지방에 살던 파스퇴르는 그 지역 포도 재배자들이 포도주가 시어지지 않게 하는 방법을 찾으려고 애쓴다는 사실을 알게 됐습니다. 그는 그것이 미생물 때문이라는 사실을 알았고, 포도주를 낮은 온도로 데워서 살균했습니다. 이것이 바로 저 유명한 '저온살균법'이 탄생한 순간이죠. 파스퇴르는 다양한 식품 발효 사례를 연구한 뒤(우유가 상하거나 버터가 산패하는 경우) 자연스럽게 환자들의 사례에 주목했습니다. 인간의 질병도 눈에 보이지 않는 미생물 때문에 생길 수 있다고 생각했던 겁니다.

하지만 당시에는 아무도 그런 주장을 믿지 않았습니다. 게다가 병원은 치유되기보다는 죽을 가능성이 더 큰, 매우 위험한 장소였습니다. 왜냐하면 의사들은 아무렇지도 않게 같은 의료 기구를 가지고 이 환자에게서 저 환자에게로 돌아다니고 심지어 손을 씻지도 않았습니다. 파스퇴르는 흔히 의사들을 무능력한 사람들로 여겼고, 세 명의 자식을 모두 어린 나이에 잃은 것이 그런 생각을 하게 된 원인이기도 했습니다. 하지만 그는 한 걸음 더 나아가 평소에 세균 감염을 피하고자 악수도 하지 않았고, 아이들을 안아주지도 말라고 했는데, 그의 이런 점이 주위 사람들을 언짢게 했던 것은 당연합니다. 그렇게 그는 포도상구균, 연쇄상구균, 폐렴구균 등 병을 일으키는 세균들을 찾아냈습니다. 그는 미생물의 중요성을 발견했을 뿐 아니라 미생물이 어떻게 발생하는지도 설명했습니다. 당시 생물학자들은 대부분 생명체가 저절로 생긴다고 믿었습니다. 예를 들어 구더기는 퇴비에서 저절로 생기고, 땀에 젖은 여자 속옷을 그대로 두면 거기서 생쥐가 생긴다고 믿었죠! 하지만 파스퇴르는 생명이 생명에서 태어나고 꽃병의 물에서 생기는 미생물은 주변 공기에서 온다고 생각합니다. 그 증거로, 만약 물을 끓인 뒤에 뚜껑을 덮어놓으면 아무것도 생기지 않았습니다.

파스퇴르를 영광의 자리에 올려놓은 것은 백신이었습니다. 오늘날 우리는 백신의 원리를 알고 있습니다. 병을 일으키는 균의 독성을 약하게 하거나 균을 죽여서 우리 몸에 주사하면 면역 체계가 활성화해서 침범하는 병균을 이겨낼 수 있다는 거죠. 이런 생각은 이미 1세기 전에 인류 역사상 최초로 우두 예방 접종을 시도하고, 천연두 예방 접종을 개발한 영국인 의사 에드워드 제너(Edward Jenner)가 제시한 바 있지만, 본격적으로 백신을 발전시킨 인물은 파스퇴르였습니다. 1879년 그는 조류 콜레라 유행을 막으면서 그 효과를 입증했고, 1881년에는 양의 탄저병을 퇴치했습니다. 인간을 접종 대상으로 삼고자 했으나, 실험 윤리 기준이 오늘날보다 훨씬 낮았던 당시에도 그것은 쉬운 일이 아니었습니다.

그러다가 극적인 사건이 발생하면서 전혀 예기치 못한 상황이 벌어졌습니다. 1885년 7월 4일, 알자스 출신 조셉 메스테르(Joseph Meister)라는 10세 소년이 공수병에 걸린 개에게 물린 사고가 일어났던 겁니다. 소년의 어머니가 아들을 데리고 파스퇴르를 찾아오자, 그는 매우 곤란한 지경에 빠졌습니다. 백신을 주사하면 아이를 살릴 수 있겠지만, 만약 실패하면 그의 적들이 달려들어 헐뜯고, 그가 의사가 아니라는 사실을 들어 조롱할 것이 틀림없었기 때문입니다. 7월 6일, 그는 결단을 내렸고, 15일 전에 공수병으로 죽은 토끼의 골수를 채취해 아이에게 주사했습니다. 결과는 성공적이었습니다! 소년은 완치됐습니다(그는 공수병은 이겨냈지만, 애국심을 이겨내지 못했습니다. 파스퇴르 연구소 수위로 일하던 그는 1940년 6월 16일 독일군이 쳐들어와 그에게 생명의 은인이었던 파스퇴르가 안장된 지하 무덤에 들어가자 모욕을 견디지 못하고 스스로 목숨을 끊었다고 전해집니다. 또 다른 설명으로는 독일군이 침공하기 전 가족에게 위험을 피해 파리를 떠나게 했는데, 독일군의 폭격으로 가족이 사망했다는 소식을 듣자 죄책감에 자살했다는 주장도 있습니다). 파스퇴르의 발견은 사회 전체에 큰 영향을 끼쳤습니다. 1902년 프랑스에서는 전염병 예방 백신 접종이, 1905년에는 식량의 세균 검사가 의무화됐습니다. 그리고 오늘날에도 수많은 백신 접종 캠페인이 전개되고 있죠. 오늘날에도 여전히 파스퇴르에게 적대적인 사람이 있다고 해도, 백신 접종을 거부하고, 저온살균하지 않은 우유로 만든 치즈만을 고집하는 사람들이 있다고 해도, 그들이 주장이 파스퇴르 덕분에 구할 수 있었던 수천만 생명 앞에서는 설득력을 잃을 수밖에 없을 것 같습니다.

알프레드 노벨

1833-1896

과학 분야에서 알프레드 노벨은 스포츠 분야의 피에르 드 쿠베르탱(Pierre de Coubertin) 같은 존재였습니다. 쿠베르탱 남작이 올림픽 경기를 창안했듯이 노벨은 자기 이름을 따서 수상들에게는 최고의 영예인 노벨상을 창안했습니다. 그는 자기 방식대로 화학에 이바지했는데, 과학자들이 수상을 염두에 두고 서로 경쟁하게 함과 동시에 자신에게 영광을 돌리게 했던 셈이죠. 하지만 그 자신이 발명가가 아니었다면 이런 결과에 도달하지 못했을 겁니다. 전 세계에 알려졌듯이 그의 대표적인 발명은 다이너마이트였습니다. 다이너마이트가 없었다면 노벨상도 없었겠죠. 알프레드 노벨의 아버지는 폭약 제조업자였는데, 자식들도 아버지 기업에서 함께 일했습니다. 19세기 하반기에 인류는 엄청난 개발 붐으로 도로와 터널과 다리와 운하를 건설했습니다. 그 모든 작업에 폭약이 필요했죠. 당시에는 폭약으로 나이트로글리세린을 사용했습니다. 하지만 이 물질은 아주 작은 충격에도 폭발할 수 있어서 매우 위험했습니다. 따라서 덜 예민한 폭발물을 개발해야 했는데, 알프레드가 바로 이 작업에 매달렸던 거죠. 스톡홀름에 소재한 노벨의 가족 기업 나이트로글리셀린 공장에서 폭발이 일어나 네 명의 작업자와 함께 동생이 사망했으니 더욱 강력한 동기부여가 됐을 겁니다. 그는 노력을 기울여 결국 해결책을 찾았습니다. 나이트로글리세린을 규조토와 혼합해서 얻은 말랑말랑한 반죽을 원통형으로 만들고, 거기에 뇌관을 부착해 완성했습니다. 1877년 그는 이 발명품의 특허를 출원했고, 이 사건은 그에게 영광과 번영을 가져다줬습니다. 그러나 그가 진정으로 세계적 아이콘의 반열에 들게 된 것은 그의 사후였습니다.

그의 유언장을 개봉했을 때 조카들은 유산으로 고작 백만 크로나를 받게 됐다는 사실을 알고 섭섭해하는 표정을 감추지 못했습니다. 3천만 크로나가 넘는 망자의 재산에 비해 지극히 적은 금액이었기 때문입니다. 하지만 유언의 내용은 명백했습니다. 조카들에게 가는 일부 유산을 제외하고 그가 남긴 전 재산을 원금으로 보존하고, 그 이자를 '인류에 가장 크게 공헌한 사람들'에게 상금으로 수여하겠다는 것이었죠. 그리고 그 대상으로 물리학, 화학, 생리학(의학), 문학, 평화의 다섯 분야를 명시했습니다. 노벨상을 받는다는 것은 단지 자기 개인에게만 좋은 일이 아니라, 자기 은행 계좌에도 좋은 일입니다. 매년 수상자들은 8만 유로를 나눠 받습니다.

알프레드 노벨은 이 같은 사후 관대함의 이유를 밝힌 적이 없습니다. 어쩌면 노벨 기업의 부정적인 이미지를 개선하고 싶었는지도 모릅니다. 다이너마이트는 여러 목적으로 대단히 유용하게 사용할 수 있었지만, 평판이 나빴던 것은 사실이었죠. 다이너마이트는 수많은 인명 사고를 냈고, 수많은 폭탄 테러에 사용됐으며, 무엇보다도 당시에 극성을 부리던 무정부주의자들에 대한 혐오와 직결돼 있었기 때문입니다. 알프레드는 일부 언론에서 자신을 '죽음 상인'이라고 부르는 상황을 견디기 어려웠겠죠. 그리고 결혼도 하지 않고, 자녀도 없다는 사실 역시 노벨상 제정에 중요한 요소로 작용했을 겁니다. 만약 그가 대가족의 가장이었다면, 과학자들에게 돌아갈 상금도 없었을 가능성이 큽니다. 유언은 흔히 질투를 낳습니다. 노벨의 유언도 마찬가지였죠. 수학자들은 왜 노벨이 자신들의 분야를 외면했는지 알 수 없었습니다. 알프레드 노벨이 사랑한 여성을 어느 수학자가 유혹했기 때문이라는 루머도 있습니다만(하지만 그것은 이 다이너마이트 발명자를 조롱하려고 그 수학자가 퍼트린 루머일 수도 있겠죠) 결국 수학자들은 노벨상과 같은 수준으로 평가받는 필즈상으로 보상받게 됐습니다. 같은 맥락에서 스웨덴 중앙은행도 1968년 노벨경제학상을 제정했습니다. 하지만 이런 사례는 새로운 종목을 정기적으로 수용하는 올림픽 경기와 달리 이제 재현될 수 없습니다. 노벨상 수상 종목은 변동이 불가능하기 때문이죠.

매년 저 유명한 노벨상 수상식에는 절망과 불만의 대열이 뒤따릅니다. 탈락한 사람들은 '참가하는 데 의의가 있다'는 올림픽 경기의 표어를 성찰하면서 실망에서 벗어날 수 있을 겁니다. 최고의 경지는 상을 차지하는 것이 아니라, 상을 받든 상을 거부하든 꾸준히 자기 길을 걸어가는 거라는 사실을 깨닫는 데 있겠죠. 지금까지 의식적으로 노벨상을 거부한 사람은 둘뿐이었습니다. 한 사람은 프랑스 작가 장 폴 사르트르(Jean-Paul Sartre)였고, 다른 한 사람은 베트남 출신 정치인 레득토(Lê Đức Thọ)였습니다. 전자는 노벨문학상 수상자였고(1964), 후자는 노벨평화상 수상 대상자였습니다(1973). 그들의 반응은 존중돼야 하지만, 오늘날 재정 지원을 받는 데 큰 어려움을 겪는 과학자들이 노벨상을 거부하기는 쉽지 않겠죠.

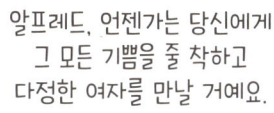

드미트리 멘델레예프

1834-1907

'드미트리 멘델레예프'라는 이름이 생소할 수도 있지만, 많은 이의 학창 시절 기억에 깊이 새겨져 있으리라고 확신합니다. 실제로 그는 학교 교실 벽을 장식하는 데 가장 많이 이바지한 과학자라고 확신합니다. 여러분도 격자 한 칸 한 칸을 이상한 알파벳 기호로 채운 도표를 기억하실 겁니다. 멘델레예프는 바로 이 원소 주기율표를 만든 과학자입니다. 여러분도 격자 칸이 이상한 알파벳 기호들로 빽빽하게 채워진 로또 용지 같은 도표를 기억하실 겁니다. 이 원소들은 나무, 바위, 금속, 플라스틱, 천 등 우리를 둘러싼 모든 물질의 구성 요소입니다. 물질을 구성하는 기본 단위를 '원자(atom)'라고 하고, 한 종류의 원자로만 구성된 순물질을 '원소(element)'라고 합니다. 따라서 원자와 원소의 종류는 같습니다. 세상 모든 것이 백여 가지 화학 요소 원자의 결합으로 구성돼 있습니다. 우주가 거대한 부엌이라면, 이 원자들은 모든 요리를 만드는 재료라고 볼 수 있습니다. 원소 주기율표를 보면, 산소, 납, 아연, 금 등 익숙한 이름이 눈에 띕니다. 하지만 루테늄, 아스타틴, 지르코늄 등 낯선 이름도 보입니다. 이 원소들을 식별하고, 서로 어떻게 결합하는지 알려면, 어떤 원칙에 따라 이들을 정렬해야 합니다. 멘델레예프가 등장하기 전, 이미 여러 화학자가 이들 원소를 성질에 따라 금속, 비금속, 기체 등으로 분류한 적이 있습니다. 하지만 1869년 멘델레예프는 다른 생각을 했습니다. 그는 카드에 각각의 원소 이름을 적고, 원자의 무게에 따라 가벼운 것에서 시작해서 무거운 것으로 순서대로 배열했습니다. 거기까지는 별로 색다른 것이 없었죠. 그런데 그렇게 배열된 상태에서 인접한 원소들을 보니, 서로 비슷한 속성이 별로 없다는 사실을 발견했습니다. 예를 들어 탄소(고체) 다음에 질소(기체)가 오고, 네온(기체) 다음에 나트륨(연한 금속)이 오는 등 무게에 따라 배열한 원소 사이에 어떤 논리적 질서도 없던 겁니다.

그러나 바로 여기서 멘델레예프의 첫 번째 천재성이 발휘됩니다. 그는 일정한 간격으로 원소의 화학적 성질 사이에 유사성이 있다는 사실을 확인했습니다. 다시 말해서 마치 음악에서 한 옥타브에서 음표들의 관계가 다른 옥타브에서 그대로 반복되는 것과 같은 현상을 확인했던 겁니다. 멘델레예프는 유사성이 있는 원소들의 카드들을 같은 열에 배열했습니다. 예를 들어 구리(은과 금을 포함해서) 열과 탄소(주석과 납을 포함해서) 열, 혹은 할로겐 가스 열 등을 설정했습니다. 앞서 우리가 이런 작업을 요리에 비유했는데, 예를 들어 양념은 양념 칸에, 채소는 채소 칸에, 곡식은 곡식 칸에 정리해 넣듯이 각각 같은 성질의 원소를 같은 열에 모아 배열했다고 이해하면 됩니다. 화학적 분류는 결국 '주기'에 따른 분류가 됐습니다. 멘델레예프의 또 다른 천재성은 바로 이런 분류에 정확하게 들어맞는 원소가 없을 때는 주기율표에 그 칸을 비워뒀다는 데 있습니다. 그렇게 해서 나중에 그런 원소가 발견되면 바로 그 칸에 넣게 했다는 거죠. 이처럼 그의 원소 주기율표는 단지 분류의 도구가 아니라 앞으로 실현될 발견의 도구가 됐습니다. 이것은 과학적 접근 방식에서 기본적인 요소라고 할 수 있습니다. 실제로 1875년에 새로운 원소가 발견됐습니다. 바로 갈륨(Ga)이었는데 그때까지 주기율표에 빈칸으로 남아 있던 31번째 원소였습니다. 이 사례는 멘델레예프의 분류가 얼마나 뛰어났는지를 보여줍니다. 오늘날에도 여전히 화학자에게 원소 주기율표는 음악가에게 음계와 같은 것으로 남아 있습니다. 약간의 변화가 있다면, 1913년부터는 영국의 물리학자 헨리 모즐리(Henry G. J. Moseley)의 제안에 따라 원소의 무게가 아니라 원소에 포함된 양자의 수에 따라 배열한다는 점이 다를 뿐입니다.

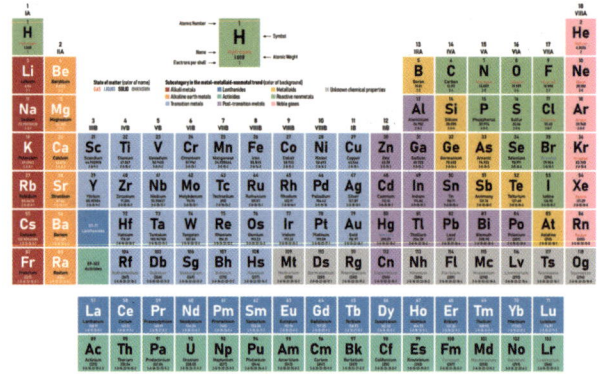

게다가 이미 알려진 원소 사이에 충돌을 일으키게 해서 생긴 새로운 원소가 발견되고 있습니다. 멘델레예프의 주기율표는 7행과 18열로 구성됐고, 지금까지 발견된 118가지 원소가 표기돼 있습니다. 멘델레예프는 새로 발견된 원소에 자기 이름을 붙이기도 했는데, 그렇게 1955년 멘델레븀(Md, 101번째)이 세상에 알려졌습니다. 2016년에는 니호늄(Nh, 113번째), 모스코븀(Mc, 115번째), 테네신(Ts, 117번째), 오가네손(Og, 118번째), 네 가지 새로운 원소가 발견됐습니다.

이반 파블로프

1849-1936

입에 침이 고이는 현상보다 더 흔한 것도 없습니다. 맛있어 보이는 음식 메뉴만 읽어도 침이 나옵니다. 이반 파블로프도 마찬가지였겠지만, 그가 일반인과 다른 점은 이 현상을 연구했다는 사실입니다. 그는 뇌가 어떻게 우리의 행동을 무의식적으로 명령하는지를 이해했습니다. 그리고 그 결과로 1904년 노벨 생리의학상을 받았죠. 현상의 평범성과 연구의 결과를 비교해보면 파블로프는 세계 기록을 세운 셈입니다! 물론 그가 식당에 식사하러 온 사람들 입에 고인 침을 연구한 것은 아닙니다… 침 흘리는 개를 연구했습니다. 애초에 그의 흥미를 끌었던 주제는 소화의 생리학이었습니다. 먹이를 가져다주기도 전에 개가 침을 흘리는 현상에 호기심을 느꼈던 겁니다. 그는 이 현상을 깊이 연구하기로 했습니다. 그는 개에게 먹이를 주기 전에 종을 울린다든가, 메트로놈 소리를 들려준다든가, 조명을 비추는 등 다양한 자극에 노출했습니다. 이런 '자극-먹이' 테스트를 여러 차례 반복하자, 개는 종소리를 듣거나 조명을 보기만 해도 침을 흘렸고, 심지어 자극 뒤에 곧바로 먹이를 주지 않아도 반응은 마찬가지였습니다(하지만 이런 시도를 너무 자주 반복해서는 안 되겠죠. 자극받은 뒤에 먹이를 먹지 못하는 상황이 반복되면 개도 더는 반응하지 않을 테니까요).

파블로프는 이 실험을 통해 침샘이 뇌에 연결돼 있다는 결론을 내렸습니다. 따라서 뇌는 무의식적인 행동을 촉발할 수 있다는 겁니다. 파블로프는 이 현상을 '파블로프 반사' 혹은 '조건 반사'라고 불렀습니다. 얼핏 보기에 별것 아닌 듯했지만, 그 결과는 엄청났습니다. 사상 처음으로 실험을 통해 인간의 행동을 연구할 가능성이 열렸던 겁니다! 예를 들어 조건화를 수단으로 동물의 감각적 능력을 알게 됐습니다. 동물이 먹이에 소리나 이미지를 결합하는 데 익숙해지게 하면, 연구자는 그 반응에 따라 그 동물이 보거나 듣거나 이해할 수 있다는 사실을 추론하게 됐습니다. 하지만 파블로프는 한 걸음 더 나아가서 조건화가 인간 모든 행동의 출발점이라고 주장했습니다. 그는 심지어 '이 반사 반응은 우리의 모든 습관, 교육, 훈련의 바탕을 이룬다'라고까지 했습니다. 하지만 이런 주장은 도를 넘은 것으로 인간의 모든 행위를 파블로프 반사만으로 설명할 수는 없습니다! 물론 우리가 때로 조건화되는 것은 사실입니다.

예를 들어 우리는 월요일 아침마다 늘 스트레스를 받아왔기에 일요일 저녁이면 우울해지곤 합니다. 기분 좋은 예를 들자면, 마르셀 프루스트(Marcel Proust)의 소설에는 주인공이 마들렌 한 조각을 먹자 어린 시절의 감동이 생생하게 살아나는 장면이 나옵니다. 이처럼 다양한 종류의 조건화를 생각해볼 수 있습니다. 영국 작가 아서 쾨슬러(Arthur Koestler)의 소설 『갈망의 시대(*The age of longing*)』에 등장한 남자는 파블로프의 이론을 자기 애인들에게 적용해봅니다. 그는 상대 여성이 절정에 다다를 때마다 어깨를 건드리는데, 나중에는 성관계 없이 어깨만 건드려도 절정에 다다르게 됩니다.

스탠리 큐브릭(Stanley Kubrick) 감독의 영화 「시계태엽 오렌지(*A Clockwork Orange*)」에도 의사들이 한 젊은 범죄자를 바른길로 인도한다며 고통을 느끼게 하는 약을 투입하고 강제로 폭력적인 영상을 보게 하는 등 파블로프의 연구를 악용하는 사례를 볼 수 있습니다. 하지만 오늘날 파블로프의 연구가 윤리적으로 긍정적으로 사용되는 사례도 – 그 효과도 입증됐습니다 – 행동치료 분야에서 흔히 찾아볼 수 있습니다. 예를 들어 반사적으로 느끼는 공포를 유쾌한 감각으로 대체하는 '조건반응 제거' 기술 덕분에 공포증(거미, 비행기, 높은 곳, 좁은 곳 등)을 극복하는 사례가 대표적입니다. 인간을 기계적으로 이해했다는 이유로 파블로프를 비판할 수도 있겠지만, 그런 비판은 공정하지 못할 수도 있습니다. 왜냐면 파블로프는 조건화를 설명하면서, 또한 조건화에서 벗어나는 방법도 제시했기 때문입니다. 게다가 우리는 조건화에서 기쁨을 찾을 수도 있습니다. 메뉴를 보며 맛있는 음식을 기대하고 군침이 돌거나 마들렌 한 조각을 먹는 순간 감동에 전율하는 파블로프 반사의 대상이 되는 것도 그리 나쁘지만은 않기 때문입니다.

막스 플랑크

1858-1947

닐 암스트롱은 인류 역사상 최초로 달에 첫발을 내디뎠을 때, '인간으로서는 작은 한 걸음이나 인류에게는 거대한 도약이다.'라고 선언했습니다. 막스 플랑크의 업적을 두고도 똑같은 말을 할 수 있을 겁니다. '미립자를 위해서는 작은 발전이지만, 지식을 위해서는 거대한 도약이다.' 실제로 그는 양자역학이라고 불리게 될 물리학에 첫 번째 이정표를 세운 과학자였습니다. 라틴어 'quantus'에서 온 '양자(quantum)'는 원자나 분자 같은 입자를 뜻하는 것이 아니라 어떤 양(量)이 있다는 의미인데, 이 용어의 배경에는 인류의 가장 위대한 과학적 혁명 중 하나가 숨어 있습니다. 플랑크는 자연이 '무한히 작은 것'에서 '도약'한다는 사실의 증명에 이바지했습니다. 그때부터 물리학자들은 우리가 사는 이 세상과 근본적으로 다른 우주를 드러내 보여주기 시작했습니다. 일반적으로 크기에는 두 종류가 있습니다. 하나는 모든 크기 가치를 포함한 '연속적' 크기이고, 또 하나는 한정된 크기 가치만을 가질 수 있는 '양자역학적' 크기입니다. 이것을 그래프로 그려본다면 연속적 크기는 완만한 곡선으로, 양자역학적 크기는 수직적으로 단절된 계단형 직선으로 나타납니다. 예를 들어 우리가 물이나 포도주를 마실 때 양에 정해진 제한이 없습니다. 한 모금, 한 잔, 한 병의 양을 마실 수 있죠. 그렇게 '연속적'인 양을 마실 수 있습니다. 하지만 물이나 포도주를 상점에서 살 때는 한 병, 한 박스, 한 통 등 정확하게 한정된 양만을 사서 마실 수 있습니다. 자동차를 운전할 때도 속도는 연속적이어서 우리는 속도를 높이거나 낮추면서 원하는 속도로 달릴 수 있습니다. 하지만 양자역학적 자동차에서는 시속 20킬로미터, 50킬로미터, 100킬로미터 등 정해진 속도로만 달릴 수 있습니다.

플랑크가 등장하기 전 물리학자들은 크기가 당연히 연속적이라고 믿었습니다. 왜냐면 크기는 어떤 가치든지 가질 수 있다고 믿었기 때문이죠. 하지만 양자역학 이론은 이런 믿음에 심각한 문제를 제기했습니다. 예를 들어 과열한 물체가 발산한 에너지를 계산하면, 실제로 측정한 에너지보다 훨씬 많은 것으로 나타납니다. 플랑크는 다음과 같은 가설을 제시했습니다. 두 개의 입자가 서로 에너지를 교환할 때, 마치 우리가 상점에서 포도주를 살 때처럼 정해진 양을 주고받는다는 것입니다. 1900년 플랑크가 이 이론을 발표했을 때 물리학자들은 전혀 반응하지 않았습니다. 그보다 얼마 전 심지어 어떤 사람들은 이제 물리학에는 더 발견할 것이 남아 있지 않다고까지 말했습니다. 그러니 플랑크의 주장에 흥분할 것도 없었습니다. 하지만 이것은 전례 없는 혁명의 시작이었습니다. 단지 그 사실을 깨닫는 데 몇 년이 걸렸을 뿐이죠. 그리고 이 이론의 놀라운 적용 가능성을 실현한 사람은 플랑크 자신이 아니라 바로 아인슈타인이었습니다. 1905년 아인슈타인은 플랑크의 이론을 이용해서 빛이 '광자(photon)'라고 부르는 에너지 입자들로 구성돼 있다는 사실을 밝혔습니다. 게다가 아인슈타인은 그에게 불멸의 명성을 안겨준 상대성 원리가 아니라 바로 이 발견으로 노벨상을 받았습니다. 1913년 물리학자 닐스 보어(Niels Bohr)도 플랑크의 연구 결과를 바탕으로 궤도를 따라 전자들이 핵 주위를 회전하는 원자의 모형을 완성했습니다. 그때부터 물리학자들은 플랑크의 업적이 남긴 다양한 가능성에 주목하기 시작했고, 그는 1918년 노벨상을 받았습니다. 그리고 1920년 이 분야에서 대폭발이 일어나면서 양자물리학은 물질의 본질을 이해하려는, 하나의 온전한 학문으로 새롭게 태어납니다.

입자는 우리가 포착할 수 없는 법칙에 따라 작동합니다. 동시에 여러 공간에 있기도 하고, 우리가 바라본다는 사실만으로 달라지기도 합니다. 무한히 작은 것에 대해 아는 모든 것은 양자물리학에서 비롯합니다.

가장 놀라운 것은 물질이 양자역학적이고 우리 자신도 물질로 구성됐다는 사실입니다… 그러나 우리는 양자역학의 세계에서 살고 있지 않습니다. 하지만 잠시 그렇다고 가정해봅시다. 만약 양자역학적으로 술을 마신다면, 다시 말해서 반드시 잔으로, 병으로, 통으로만 마신다면 알코올 중독자가 늘어날까요, 줄어들까요? 자동차를 운전할 때 반드시 시속 20킬로미터, 50킬로미터, 100킬로미터로만 달려야 한다면 교통사고는 늘어날까요, 줄어들까요?

그래야 한다면 분명히 많은 것이 달라질 겁니다. 하지만 정확하게 무엇이 달라질까요? 우리 기준으로 볼 때 세상이 양자역학적이지 않은 편이 우리에게는 더 좋을 겁니다. 원하는 양의 술을 마시고, 원하는 속도로 달리고, 대부분 행동을 우리가 원하는 만큼 하고 싶을 테니까요. 양자역학적이지 않다는 것은 우리에게 더 많은 자유의지의 여지를 남겨줍니다. 그것이 비록 우리가 미립자로 구성됐다고 해도 미립자보다 훨씬 더 유리한 이유겠죠.

마리 퀴리

1867-1934

마리 퀴리의 발견에 '폭발적인' 효과가 있었다고 표현한다면, 그 발견의 결과를 생각할 때 충분한 표현이 아닐지도 모릅니다. 네, 물론 '방사능'을 말하는 겁니다. 오늘날 이 단어는 히로시마, 체르노빌 등 나쁜 의미에서나 방사선 암 치료 등 좋은 의미에서나 20세기를 혁명적으로 변화시킨 기술을 말합니다. 그러나 이런 극단적인 사례를 제외한다면, 방사능은 이제 우리 일상의 일부가 됐습니다. 에너지를 생산하는 핵 발전소, 의료용 영상 기구, 통신위성에 사용하는 핵 배터리, 고고학에서 연대 추정에 사용하는 방사성 동위원소 탄소-14 등 이 모든 것이 마리 퀴리와 함께 시작됐습니다.

1891년 24세의 마리아 스쿼도프스카는 조국 폴란드를 떠나 파리 유학 길에 오릅니다. 그리고 몇 년 뒤 물리학자 피에르 퀴리와 결혼하고 박사 논문을 준비합니다. 논문 주제로 몇 년 전 물리학자 앙리 베크렐(Antoine Henri Becquerel)이 발견한 이상한 현상에 주목했습니다. 베크렐은 '빛이 들어가지 않게 사진 감광판을 두 장의 두꺼운 검은 종이로 싼 다음, 그 위에 우라늄염을 올려놓고, 사진 감광판을 현상해 보니 우라늄염 그림자가 나타난 것'을 확인했습니다. 빛도 없고, 감광판은 포장돼 있었는데도 그런 현상이 나타난 겁니다. 이상한 일이었습니다. 베크렐은 우라늄 원자들이 스스로 빛을 낸다는 가정을 세웠습니다.

그러나 이 혁명적인 현상을 확인하고, 깊이 연구한 사람은 바로 마리 퀴리였습니다. 그녀는 이 현상에 이름을 붙여야 했습니다. 이 현상의 이미지에 어울리는, 아주 정확하고 효과적인 이름을 찾았는데, 바로 '방사능(radioactivity)'라는 새로운 단어였습니다. 그녀는 한 걸음 더 나아가 '피치블렌드(Pichblende)'라는 광물이 우라늄보다 더 강력한 방사능을 발산한다는 사실을 발견했습니다. 그래서 어떻게 했을까요? 그녀는 실험실로 사용하던 시립 물리학 산업화학 학교의 너무도 썰렁한 창고에서 엄청난 작업에 돌입했습니다. 여러 톤의 피치블렌드를 주문해서 매우 힘겨운 과정을 거친 뒤 몇 밀리그램의 두 가지 새로운 화학물질을 추출했습니다. 하나는 자기 조국의 명예를 빛낸다는 뜻에서 이름 붙인 '폴로늄(Po)'이었고, 다른 하나는 우라늄보다 방사능이 200만 배나 더 강한 '라듐(Ra)'이었습니다. 과학계는 전망이 매우 좋은 새로운 연구 분야를 개척한 마리 퀴리의 작업으로 무척 흥분했고, 그녀는 남편 피에르, 앙리 베크렐과 함께 과학자로서 가장 영광스러운 보상인 노벨물리학상을 받았습니다. 그리고 1911년에는 폴로늄과 라듐을 발견한 업적으로 노벨화학상을 단독 수상했습니다. 하지만 프랑스 정부에서 주는 레종도뇌르 훈장은 그녀의 남편도 그랬듯이 '과학에서는 사람이 아니라 연구 대상이 중요하다'는 이유로 거절했습니다.

과학에서는 성공을 거뒀지만, 그녀의 사생활은 처참했습니다. 남편 피에르는 길을 건너다가 달려오는 마차를 피하지 못해 바퀴에 두개골이 부서지는 터무니없는 사고를 당해 목숨을 잃었습니다. 이 비극적인 사고를 겪은 지 5년 뒤에 그녀는 남편의 수제자였던 물리학자 폴 랑주뱅(Paul Langevin)에게서 정서적 안정을 찾았습니다. 하지만 랑주뱅은 결혼한 상태였고, 프랑스 언론은 유부남을 타락시킨 이 폴란드 여성을 미친 듯이 비난했습니다. 마리 퀴리는 결국 파리를 떠나 신분도 감춘 채 지내야 했습니다.

그러는 사이에 그녀는 이미 방사능에 오염돼 죽어가고 있었습니다. 방사능의 위험성이 입증된 뒤에도(몇 년 뒤의 일이었습니다) 그녀는 그 사실을 인정하기 싫은 듯했고, 라듐을 조작하다가 열에 데는 사고를 여러 차례 겪으면서도 라듐이 어둠 속에서 내는 빛을 보면서 '감동과 황홀'을 느꼈다고 말하곤 했습니다. 빈혈, 이명, 난청, 근육통, 만성 피로 등 온갖 증세에 시달리던 마리 퀴리는 1934년 백혈병이 심해져서 돌이킬 수 없는 상태가 됐습니다. 오늘날이라면 전형적인 '직업병'에 걸렸던 겁니다.

당시 과학의 아이콘이었던 마리 퀴리는 양성 평등의 상징이기도 했습니다. 과학 분야에서 여성의 존재는 거의 찾아볼 수 없었던 시대, 여성을 온전한 시민으로 간주하지도 않던 시대에(여성에게는 참정권도 없었습니다) 그녀는 최초의 여성 물리학 박사였고, 최초의 여성 노벨상 수상자였으며, 최초의 여성 소르본 대학 교수였습니다. 사망한 뒤에도 여성 선구자 마리 퀴리는 생전의 업적을 평가받아 판테온에 들어간 최초의 여성이 됐습니다(이전에 소피 베르틀로(Sophie Berthelot)가 판테온에 들어간 적이 있으나 그녀는 물리학자 남편과 분리될 수 없는 존재로 여겨졌습니다). '위인들'의 성전에 안치된 그녀의 관은 그녀의 유해가 발산하는 방사능으로부터 방문객들을 보호하기 위해 표면을 납으로 완전히 밀봉했습니다. 그렇게 오랜 세월이 흘렀지만, 이미 죽은 마리 퀴리는 여전히 빛을 발하고 있습니다.

알베르트 아인슈타인

1879-1955

설령 과학에 완벽한 문외한이라고 해도, E=MC² 공식은 본 적이 있을 겁니다. 전 세계인이 알고 있는 유명한 공식이니까요. 이 공식이 유명한 것은 이것을 만든 사람이 유명하기 때문이죠. 네, 그 사람은 바로 상대성 이론을 제시한 알베르트 아인슈타인입니다. 물리학에서 혁명을 이룬 아인슈타인은 누구보다도 반항적 기질이 강했던 인물입니다. 그가 열 살 무렵 학창 시절에 찍은 단체 사진을 보면 엄숙한 표정을 짓고 있는 친구들과 달리 유독 장난기가 가득한 모습을 볼 수 있습니다! 유머는 정해진 길을 벗어나 옆길로 샐 가능성을 열어주고, 세상을 이전과 다른 관점에서 바라보게 하는 소중한 가치가 아닐까요?

1905년 아인슈타인은 스위스 베른의 특허국에서 3급 전문가로 일하고 있었습니다. 하지만 퇴근 후나 주말이면 시간과 공간에 대한 개념 자체를 완전히 뒤집어놓을 연구를 계속했죠. 그리고 당시 26세였던 이 청년은 과학계에 지각 변동을 일으킬 다섯 편의 논문을 발표했습니다. 그는 빛이 파장이면서 동시에 입자라는 사실을 발견했고, 이 연구로 1922년 노벨상을 받았습니다. 그는 또한 양자물리학의 기초를 세우고, '무한히 작은 것'의 기준으로 세계에 대한 이해를 근본적으로 바꿔놓았죠. 하지만 그를 전 세계적인 스타의 반열에 올려놓은 발견은 상대성 원리였습니다. 우선, '특수상대성 원리'는 가속 없는 운동에 적용되는 법칙입니다. 1905년까지 사람들은 시간을 어디서나 똑같이 작동하는 메트로놈 같은 것으로 여겼습니다. 다시 말해 누구에게나 어떤 상황에서나 시간은 똑같이 흐른다고 믿었죠. 하지만 아인슈타인은 이것이 환상에 불과하다는 사실을 밝혔습니다. 그는 시간이 운동에 달렸다고 주장했죠. 예를 들어 두 개의 시계가 있는데, 하나는 고정된 장소에 있고, 다른 하나는 이동하는 장소에 있습니다(예를 들어 배나 자동차, 비행기에 타고 있다고 가정합시다). 한동안 그 상태로 뒀다가 두 개를 나란히 놓으면, 두 개의 시계가 각각 다른 시각을 가리키고 있음을 확인하게 됩니다. 지구에서 이런 상대성을 자각하기에는 효과가 너무 미미하지만, 어찌 보면 다행인지도 모릅니다. 왜냐면 각자의 위치에 따라 시각이 각기 다르면 곤란한 문제가 한둘이 아닐 테니까요!

어쨌든 여러 가지 실험을 통해 아인슈타인의 주장이 옳았다는 사실이 판명됐습니다. 그렇게 1971년 미국의 두 물리학자가 비행기에 원자시계를 싣고 지구 주위를 두 바퀴 도는 실험을 했습니다. 그 결과, 이 시계는 지상에 있던 시계보다 십억 분의 1초가 늦다는 사실을 확인할 수 있었습니다. 이 사실을 조금 더 부풀려서 말하자면, 빛의 속도에 가까운 빠른 속도로 여행하는 우주비행사들은 지구에서 수백 년이 지나는 사이에 불과 몇 년을 보내고 돌아온다는 얘기입니다. 1915년 아인슈타인은 일반상대성 이론을 발표하는데, 여기에는 '가속' 개념이 포함됩니다. 그는 이 이론을 통해 '중력' 문제를 설명합니다. 지구가 사과를 끌어당긴다면, 그것은 뉴턴 이래 사람들이 그렇게 생각했듯이 지구의 힘이 사과에 작용한 것이 아니라 점프대의 천 바닥에 공을 올려두면 천이 아래로 처지듯이 지구가 시공간을 처지게 한 것이라고 주장했습니다.

1919년부터 아인슈타인은 과학자들뿐 아니라 일반 대중에게도 스타가 됐습니다. 비록 그의 이론을 이해하지 못해도 산발한 백발 머리 모양이나 장난꾸러기 같은 면에 매료됐던 것이죠. 오늘날까지도 그는 사진을 찍을 때 낼름 혀를 내민 유일한 과학자로 남아 있습니다. 양말을 신지 않고 다닌다는 것도 그의 또다른 기벽 중 하나입니다!

모두가 아는 공식 E=MC²를 통해 그는 에너지(E)와 질량(M)과 빛의 속도(C) 사이의 등가성을 해석했습니다. 빛은 초속 30만 킬로미터로 이동하므로 아주 작은 물질도 엄청난 에너지를 만들어냅니다. 바로 이 원리가 핵 발전소와 원자폭탄에 적용됩니다. 그러나 원자폭탄 문제를 두고 아인슈타인을 너무 비난하지 말았으면 좋겠습니다. 이 문제에서 그가 했던 역할이 있다면 1939년 루스벨트 대통령에게 편지를 보내서 나치가 원자폭탄을 제조하고 있다는 사실을 알렸고, 이 분야에서 미국이 앞서 나가야 한다고 종용했던 것뿐입니다. 이후에 어떤 일이 벌어졌는지는 우리도 잘 알고 있습니다. 일본의 히로시마와 나가사키에 원자폭탄이 떨어져 수많은 희생자를 냈죠. 전쟁이 끝난 뒤 아인슈타인은 강대국들의 무기 개발 경쟁에 반대했고, 심지어 군대는 '가장 나쁜 조직'이라고 비판하기도 했습니다. 반항적 인간 아인슈타인은 평생 그렇게 살았습니다. 그가 생전에 원했던 대로 그의 유해는 일반인이 모르는 곳에 뿌려졌습니다. 그는 죽기 전에 이렇게 썼죠. "내 뼈를 유물처럼 보존하려고 생각하지 마시오." 결국, 어디에도 없으면서 어디에나 있는 것이 바로 '영원'입니다. 그것은 시간과 공간에 대한 개념을 근본적으로 흔들어놓은 천재가 시간과 공간에 영원히 존재하는 천재적인 방법이 아니었을까요?

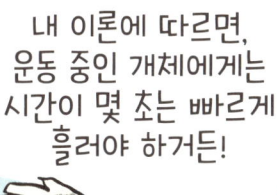

알프레트 베게너

1880-1930

선원들은 육지를 '단단한 땅'이라고 부르지만, 사실상 땅은 쉬지 않고 움직입니다. 아메리카에서 아프리카를 지나 유럽에서 아시아까지 땅은 마치 강에 떠 있는 뗏목처럼 늘 움직입니다. 물론 아주 천천히 움직이지만, 움직인다는 것만은 분명합니다. 이처럼 '대륙 표류'라는 생각을 처음으로 했던 사람은 19세기 초 독일인 알프레트 베게너였습니다.

과학자 집단에서 그의 주장이 옳다는 사실을 인정하기까지 무려 50여 년이 걸렸고, 생전에 그는 지질학자들에게 광대 취급을 받았습니다. 하지만 알프레트 베게너는 놀라운 인물이었습니다. 그는 지질학자가 아니라 기상학자였지만, 지질학을 개혁했고, 대단한 탐험가였습니다. 25세에 열기구를 타고 52시간 하늘을 날아다녀서 세계기록을 세웠습니다. 또한, 극지방 탐험에 열정을 보여 그때까지 일반에 거의 알려지지 않았던 그린란드 빙하의 두께를 측정한 최초의 과학자가 되기도 했습니다. 그런 탐험의 목적은 지질학과 상관없는 기상학 연구였으나 몇몇 증언에 따르면 빙하가 녹아 갈라지면서 바다가 열리는 것을 보고 '대륙 이동'에 대한 생각이 직관적으로 떠올랐다고 합니다. 베게너는 이 직관을 과학적 주장으로 강화했습니다. 우선, 세계 지도를 보면 누구라도 확인할 수 있는 명백한 근거를 제시했습니다. 즉 남아메리카 대륙 해안의 형태와 아프리카 대륙 해안의 형태는 놀랍도록 잘 맞아떨어진다는 부정할 수 없는 사실에 주목했습니다. 또 한 가지 놀라운 사실은 오늘날에는 분리된 각각의 대륙에서 똑같은 동식물 화석이 발견된다는 점이었습니다. 이처럼 일치하는 사실들에서 베게너는 한 가지 설명을 찾을 수밖에 없었습니다. 즉 3억 년 전 지구는 하나의 대륙으로 – 그는 이 대륙을 '판게아(Pangaea)'라고 불렀습니다 – 형성돼 있었고, 나중에 이것이 여러 개의 대륙으로 갈라졌다는 해석이었죠.

알프스나 히말라야처럼 높은 산맥은 이동하던 땅덩어리들이 서로 만나 형성됐다고 추론했습니다. 이 가설은 나중에 그 타당성이 입증되기도 했습니다. 하지만 20세기 초 지질학자들은 다른 시나리오를 상상하고 있었습니다. 그들은 대지에 굴곡이 생긴 것을 '주름진 사과 이론'으로 해석했습니다. 즉 지구 표면을 구성하는 액상 물질이 차츰 식으면서 마치 수분이 빠지면서 쭈글쭈글해지는 사과처럼 주름이 생겼다는 주장이었죠. 그리고 여러 대륙에서 같은 종류의 화석이 발견되는 것도 이전에 여러 대륙을 연결하고 있던 일종의 다리 같은 지형이 있어서 그리로 동물들이 오갔으나 어느 순간 그것이 무너져 바닷속으로 가라앉았기 때문이라는 것이었습니다. 1912년 베게너가 지질학자 총회에서 대륙이동설을 발표하자 그들은 야유와 조소를 보냈습니다. 당시에 가장 권위 있던 지질학자들은 그의 주장을 '동화 같은 이야기', '넘치는 열정이 만들어낸 환상'이라며 귀담아듣지 않았습니다. 그들은 비아냥거렸습니다. '지질학에 관해 아무것도 모르는 모험가 기상학자 따위가 어떻게 이 학문의 근간을 흔들어놓을 수 있다는 것인가?' 그들은 베게너를 인정할 수 없었습니다. 실제로 베게너에게 약점이 있었던 것은 사실이었습니다. 그는 대륙을 이동하게 한 힘이 어디서 나왔는지를 설명하지 못했습니다. 그는 바다의 조류를 움직이듯이 지표면을 움직이게 하는 달의 힘을 말하기도 했지만 아무도 그의 말을 믿지 않았고, 실제로 그럴 만했습니다. 그의 주장이 학계의 관심을 끌고 인정받으려면 55년이라는 긴 세월을 기다려야 했습니다. 1967년 4월 19일, 미국 지구물리학회는 워싱턴에서 심포지엄을 열고, 대륙이동설을 인정했습니다. 그사이 베게너의 대륙이동설은 보강돼 '판의 지각변동론'으로 대체됐습니다. 대륙만이 아니라 해저면까지 포함해서 지표면 전체가 하나의 판을 이루고, 매년 몇 센티미터씩 이동한다는 이론이었습니다. 아울러 지표의 움직임은 땅속 마그마의 흐름에서 비롯한다는 사실도 알려졌습니다.

그러나 안타깝게도 베게너는 자신의 주장이 학계에서 인정받았다는 사실을 알지 못했습니다. 그러나 그는 생전에 모험가로서 명성을 얻었고, 그런 자격으로 덴마크 왕이 수여하는 메달도 받았습니다. 1930년 11월, 그는 그린란드로 마지막 원정을 떠나 다른 기지에 있는 대원들에게 보급품을 공급하러 갔다가 영영 돌아오지 못했습니다. 그의 주검은 6개월 뒤에 발견됐지만, 지금도 두꺼운 얼음층으로 덮인 채 그는 여전히 그곳에 잠들어 있습니다. 그의 이야기에서 우리가 얻는 교훈은 학문을 개혁하려면 때로 고정관념과 관습적인 틀에서 벗어나야 한다는 것입니다. 베게너는 지질학 전문가가 아니었지만, 그랬기에 오히려 독단을 뛰어넘을 수 있었고, 그랬기에 이 학문을 개혁할 수 있었을 겁니다.

알렉산더 플레밍

1881-1955

플레밍은 평소에 결벽증이 없었기에 수백만의 인명을 구할 수 있었습니다. 여러분이 지저분한 그릇을 치우지 않고 버려뒀다가 거기에 곰팡이라도 피면 주변에서 돼지우리를 만들 거냐고 잔소리를 듣겠지만, 플레밍은 굴러다니는 박테리아 덩어리를 버려뒀다가 역사의 한 페이지를 장식하게 됐습니다. 런던의 세인트 메리 병원에서 곰팡이를 배양해서 병균을 죽이는 물질을 분리하는 연구를 하고 있었습니다. 그는 휴가를 떠나면서 실험실에서 세균 배양 용기를 배양기에 넣기가 귀찮아서 실험대에 놓아두고 갔다가 최초의 항생제 페니실린의 원료가 되는 곰팡이를 우연히 발견했습니다. 플레밍의 연구실 아래층 실험실에서는 곰팡이로 알레르기 백신을 만드는 연구를 하고 있었는데, 그곳에 있던 곰팡이가 세균을 배양하던 플레밍의 배양 용기에 날아와 앉았습니다. 그리고 그는 역사적인 발견을 하게 됩니다. 비록 정리 정돈에 능한 인물은 아니었는지 몰라도, 그는 초보 연구자가 아니었습니다. 백신 분야 전문가이며 미생물학자였던 그는 이미 여드름에 관한 연구로 명성을 얻은 바 있었습니다. 이 피부 감염의 원인이 '박테리아'라고 부르는 미생물이라는 사실을 알고 있었습니다. 그리고 매독이나 폐결핵처럼 때로 치명적인 질병을 일으키는 박테리아를 포함해서 수많은 종류의 미생물이 존재한다는 사실도 알고 있었죠. 박테리아는 때로 사소한 상처를 감염해서 며칠 만에 죽음에 이르게 하는 치명적인 원인이 될 수 있다는 점에서 더욱 위험했습니다.

이 박테리아 문제를 어떻게 해결해야 할지, 당시에 과학자들은 해답을 찾지 못하고 있었습니다. 그래서 플레밍은 인체에 직접 주사해서 박테리아를 죽이되, 세포에는 해를 끼치지 않는 물질을 찾고 있었죠. 1928년 9월 28일, 휴가에서 돌아온 그는 실험대에 놓아뒀던 포도상구균 배양 용기를 치우다가 거기서 곰팡이를 발견했습니다. 얼핏 보기에는 별로 놀라울 것이 없는 듯했습니다. 보통 사람 같으면 아무 생각 없이 지나쳤겠지만, 그는 용기를 현미경으로 주의 깊게 관찰하고, 거기에 융모 형상의 푸른곰팡이가 있고, 그 주변에 있던 포도상구균이 완전히 사라졌다는 사실을 확인했습니다. 푸른곰팡이가 포도상구균을 모두 죽여버렸던 것이죠. 그는 그 현상을 동료들에게 보여줬으나 그들은 전혀 주의를 기울이지 않았습니다. 창문을 통해 날아온 이 곰팡이는 푸른곰팡이(penicillium notatum)의 한 종류로 판명됐습니다. 나중에 플레밍은 치료제를 개발했을 때 이 곰팡이의 이름을 따서 '페니실린(penicillin)'이라고 지었습니다. 실제로 이 곰팡이의 이름이 남성 성기를 뜻하는 페니스(penis)와 같은 음절(peni-)로 시작하는 것은 우연이 아닙니다. 이 두 단어는 어원(peniculus)이 같은데, 라틴어로 '작은 붓'을 뜻합니다. 둘 다 모양이 길쭉합니다.

플레밍이 푸른곰팡이의 치유력을 발견했다고 하지만, 이전에 다른 과학자들도 이미 곰팡이가 박테리아의 성장을 저지하는 현상을 관찰한 적이 있습니다. 하지만 거기서 한 걸음 더 나아갈 생각을 하지 못했죠. 게다가 이상하게도 플레밍 역시 페니실린을 약품으로 개발할 생각을 하지 못하고 실험실에서 박테리아를 분리하는 필터로 사용하려고 했을 뿐입니다. 그렇게 세월이 흘렀고, 그새 수많은 사람이 흔한 감염으로 죽어갔습니다. 플레밍의 처지에서 변명하자면, 곰팡이를 약품으로 만든다는 것이 결코 쉬운 일은 아니었습니다. 결국, 1940년에야 페니실린은 새로운 국면을 맞이하게 됩니다. 옥스퍼드 연구소에서 두 명의 연구자, 하워드 플로리(Howard Florey)와 언스트 체인(Ernst Boris Chain)은 페니실린을 정제하고 의학적 효과를 실험할 수 있을 만큼 충분한 양을 만드는 데 성공했습니다. 이들은 우선 포도상구균에 감염된 생쥐들을 치료했고, 이어서 결정적인 마술처럼 뇌막염에 걸린 사람들을 치료했습니다. 드디어 페니실린의 시대가 열린 것이죠. 1941년, 플레밍이 푸른곰팡이를 발견한 지 13년 만에 드디어 대량생산이 시작됐습니다. 그리고 만만찮은 과제를 풀어가기 시작했습니다. 당시는 바야흐로 제2차 세계대전이 절정에 다다른 시기였죠. 수만 명의 부상자가 플레밍 덕에 목숨을 건졌습니다. 1945년 플레밍은 플로리, 체인과 더불어 노벨생리학상(의학상)을 받았습니다.

그들이 페니실린으로 돈 벌기를 원치 않기에 특허를 출원하지 않은 것을 생각하면 오늘날 세태가 그때와 얼마나 달라졌는지 새삼 실감하게 됩니다. 플레밍의 페니실린은 소위 우연이 작용한 대표적인 '뜻밖의 발견'이라고 할 수 있습니다. 하지만 그것을 활용하는 사람이 없다면, 우연은 아무짝에도 쓸모없는 것이 되겠죠. 플레밍은 박테리아 배양 용기를 치우지 않고 내버려 둔 행운의 게으름을 부렸지만, 무엇보다도 작은 변화도 놓치지 않는 현명함도 갖추고 있었습니다. 우리가 찾으려고 애쓰는 것이 꼭 우리가 찾는 곳에 있으리라는 법은 없습니다.

이것은 과학의 범주를 뛰어넘는 교훈이기도 합니다.

에르빈 슈뢰딩거

1887-1961

'장화를 신은 고양이'에서부터 '가필드'에 이르기까지 문학 작품이나 만화에는 다양한 고양이가 등장합니다. 하지만 물리학에는 단 한 마리의 고양이가 있습니다, 바로 '슈뢰딩거의 고양이'죠. 이 고양이는 진짜 고양이가 아니지만, 슈뢰딩거는 진짜 물리학자입니다. 이 오스트리아 출신 연구자는 살아 있는 고양이와 죽은 고양이가 중첩됐다는 특징이 있는 고양이를 상상했습니다. 물론 현실에서는 절대 있을 수 없는 일이죠.

그의 목적은 '무한히 작은 것'의 세계와 우리가 사는 세계의 차이를 보여주자는 데 있었습니다. 때는 1920년대였고, 막스 플랑크의 연구 덕분에 양자역학이 과학자들의 관심을 끌던 시절이었죠. 슈뢰딩거는 물질을 구성하는 미립자의 운동을 조절하는 힘의 공식을 완성하면서 이 분야의 기초를 쌓는 데 이바지했습니다. 이 미립자들은 우리가 사는 세계와 공통점이 전혀 없습니다. 우리가 인식하는 규모를 기준으로 볼 때 모든 것은 너무도 단순합니다. 사물은 각기 제자리에 있죠. 연필은 책상 위에, 신발은 내 발에, 소파는 내 엉덩이 밑에 있습니다. 하지만 미립자의 세계에서는 전혀 그렇지 않습니다. 각 입자의 정확한 위치를 전혀 알 수 없으니까요. 사람들은 오랜 세월 미립자들을 언제든지 포착할 수 있는 물질적 실체로 상상했지만, 양자물리학의 관점에서 보면 미립자들은 정확히 파악할 수 없는, 일종의 구름 같은 것을 형성하고 있습니다. 더욱 난감한 것은 미립자들이 어떤 상태에 있는지조차 알 수 없다는 점입니다. 우리 세계에서 문은 열렸거나 닫혔고, 조명은 켜졌거나 꺼졌으며, 우리는 서 있거나 누워 있을 뿐 동시에 두 가지 상태로 존재할 수 없습니다. 하지만 원자는 온전한 상태에 있거나 동시에 분해된 상태로 존재할 수 있습니다. 이해하기 어렵겠지만, 그렇습니다. 우리 인간은 원자로 구성됐으면서도 원자처럼 행동할 수 없다는 사실을 어떻게 설명해야 할까요? 슈뢰딩거는 바로 이 모순을 설명하려고 합니다. 1935년 그는 이런 실험을 구상했습니다. 고양이 한 마리를 독약이 든 병과 함께 - 병이 열리면 독약이 퍼지고 고양이는 죽습니다 - 방사능 물질이 - 원자들이 분해될 수 있습니다 - 들어 있는 상자 안에 넣습니다. 독약 병 위에는 방사선량이 많아지면 작동하는 기계가 있고 그 위에 망치가 놓여 있습니다. 원자가 분열하면 방사능 계수기가 작동하고, 망치가 떨어져 독약 병을 깨고, 공기 중에 독이 퍼져서 고양이가 죽도록 조작해놓은 거죠. 아, 여러분, 고양이의 운명을 너무 걱정하지 마세요. 이것은 실제 실험이 아니라 단지 머릿속에서 상상해본 가상의 실험일 뿐입니다. 양자물리학에 따르면 원자는 분해되고 동시에 온전할 수 있으니 독약 병도 깨지고 동시에 온전할 수 있고, 고양이도 죽고 동시에 살았을 수 있습니다. 하지만 우리 현실에서 이런 일은 불가능하죠. 고양이는 죽었거나 살아 있을 뿐, 동시에 두 가지 상태에 있을 수 없습니다. 왜냐면 실제 고양이는 주변 환경(땅, 공기 등의 미립자들)과 수많은 관계를 맺고 있는 수많은 원자로 구성돼 있기에 미립자의 법칙이 단지 고양이에게만 온전히 적용될 수 없기 때문입니다. 그리고 우리 세상과 무한히 작은 것의 세상에는 다른 차이도 있습니다. 예를 들어 우리는 자신이 어디에 있고, 어떤 속도로 이동하는지 말할 수 있습니다. 하지만 양자역학의 세계에서는 그럴 수 없습니다. 바로 이것이 1827년 베르너 하이젠베르크(Werner Karl Heisenberg)가 '불확정성 원리(uncertainty principle)'에서 주장한 내용입니다. 그는 미립자의 속도와 위치를 동시에 알 수는 없다고 했습니다. 즉 자기 위치를 잘 알수록 자기 속도를 잘 알기 어렵고, 자기 속도를 잘 알수록 자기 위치를 잘 알기 어렵다는 거죠. 그것은 측정 수단이 불완전해서 생기는 문제가 아니라, 미립자의 성질 때문에 생기는 이론적 한계입니다. 예를 들어 여러분이 양자역학 자동차를 타고 가다가 과속 단속 카메라에 포착됐다고 가정해봅시다. 카메라는 여러분이 시속 80킬로미터로 달렸다는 사실을 확인해주지만, 어느 지점인지는 명시하지 못합니다. 반대로 어디를 지나고 있었는지는 확인해주지만, 어떤 속도로 달렸는지는 밝히지 못합니다. 하지만 우리 세계의 규모 기준에서 이런 불확실성은 존재하지 않습니다. 단속 카메라에 차의 위치와 속도가 정확하게 포착돼 반박할 수 없이 범칙금 고지서가 날아옵니다. 이처럼 우리는 양자역학적 미립자로 구성됐지만, 그렇다고 해서 우리가 양자역학적 존재는 아닙니다.

어찌 보면 오히려 잘된 일인지도 모릅니다. 인간관계가 복잡한 세상인데, 양자역학 세계에서는 더 힘들어질 수도 있으니까요. 누군가와 만날 약속을 정하기도 쉽지 않을 겁니다. 왜냐면 그가 어디에 있는지, 어떤 속도로 이동하는지도 알 수 없고, 약속 장소에 도착해도 그가 살았는지 죽었는지도 알 수 없으니까요. 그리고 슈뢰딩거의 고양이와 진짜 고양이를 비교해보자면, 언제 어디에 어떤 상태로 있는지도 알 수 없는 양자역학 고양이와 비교하면, 여유를 즐기며 소파에 느긋하게 누워 게으름을 피우는 진짜 고양이의 팔자가 훨씬 낫다고 말할 수 있을 겁니다.

트로핌 리센코

1898-1976

리센코의 과학적 업적은 모두 쓰레기통에 처박아버릴 만합니다. 그래도 그는 과학사에서 한 자리를 차지하고 있습니다. 희대의 사기꾼이 일국의 재무부 장관이 된 것이나 다름없다고 할까요? 리센코는 정치 이념이 과학을 왜곡한 대표적 상징과 같은 인물입니다. 그는 스탈린주의를 추종하면서 '부르주아 과학'의 하수인으로 지목한 소비에트 유전학자들을 감옥에 가두고 처형하기도 했습니다. 그리고 그들의 주장을 자신의 해괴한 이론으로 대체했죠. 리센코는 원래 기술자로 경력을 쌓기 시작했습니다. 1930년대 중반, 그는 겨울 밀을 낮은 온도로 처리해 봄밀로 만드는 '춘화처리(vernalisation)'라는 방법을 개발했습니다. 그렇게 해서 일 년에 두 번 밀을 수확할 수 있다는 것인데, 소비에트 당국은 거기서 당시 저조한 작황 문제를 해결할 희망을 봤습니다. 하지만 결과는 비참한 실패였고, 종묘는 모두 썩어버렸습니다. 곡식으로 인민의 배를 채우지 못하자, 독재 정권은 정치 선전으로 인민의 뇌를 채웠습니다. 1929년 1월 16일 소련 공산당 기관지 『프라우다(правда)』는 춘화처리를 '소비에트 과학의 업적'으로 추켜세웠고, 리센코는 오데사 유전학 연구소장으로 임명됐습니다. 바야흐로 인민의 영웅으로 추앙된 거죠.

이 역사는 거기서 끝났을 수도 있었습니다. 하지만 리센코는 자신의 연구가 유전학 이론에 전면적으로 문제를 제기했다고 믿었습니다. 춘화처리는 유전자와 전혀 무관한 생리학적 과정일 뿐인데 말입니다. 하지만 리센코는 겨울 밀을 봄밀로 바꿀 수 있으므로 유전자가 결정하는 것은 아무것도 없고, 모든 것이 환경에 달렸다고 주장했습니다. 따라서 환경을 바꾸면 생명체의 본성을 바꾸고, 심지어 한 품종을 다른 품종으로 만들 수 있다고 믿었죠. 리센코는 한 걸음 더 나아가 아예 유전자의 존재 자체를 부정했습니다. 하지만 유전자는 이미 1910년 학계에서 그 존재가 공식적으로 인정된 상태였습니다. 리센코는 과학을 표방했지만, 유전학을 부정한 것은 사실상 전적으로 정치적 행위였습니다. 실제로 스탈린은 새로운 인간을 만들어낼 계획을 세웠는데, 모든 것이 유전자에 의해 결정된다는 사실을 인정한다면 그 계획은 실패가 예정될 수밖에 없었습니다. 게다가 더욱 부조리한 사실은 유전학자들이 그렇게 주장한 적도 없었다는 것입니다. 하지만 권력자들은 유전학자들이 태생적인 불평등을 인정하고, 강자에 의한 약자의 지배를 옹호한다고 비판했습니다. 게다가 생물학자들이 나치의 인종차별 정책에 정당성을 부여하는 데 유전법칙을 이용한 사례는 리센코의 주장을 더욱 적극적으로 부추겼습니다. 그때부터 유전학은 '부르주아 과학'으로 비판받았고, '새로운 프롤레타리아 생물학' 혹은 '소비에트의 창조적 다윈주의'라고 이름 붙인 리센코의 황당한 이론으로 대체됐습니다.

'인민의 적'으로 매도된 유전학자들은 당국의 조사 기관에 불려가 심문당했고, 투옥됐고, 처형당했습니다. 그들의 연구소는 폐쇄되고 논문은 파괴됐습니다. 그중에서도 소련 농업 아카데미 총재였던 니콜라이 바빌로프가 감옥에서 사망하고, 리센코가 그 자리를 차지한 사건은 지금도 그 배경에 의문을 품게 합니다. 전 세계 공산주의자들이 리센코의 이런 사기극에 속았고, 심지어 프랑스의 유명한 공산주의자 시인 루이 아라공(Louis Aragon)도 1948년 리센코에게 경의를 표했습니다.

하지만 리센코의 영광은 오래가지 못했습니다. 1964년 10월 소련공산당 총리 니키타 흐루쇼프가 실각하자 그는 비판받기 시작했고, 다음 해 퇴출당했습니다. 그렇게 리센코는 하나의 상징이 됐죠. 그리고 인류는 과학 연구가 정치적 편견으로 오염될 때 어떤 것도 좋은 결과로 이어질 수 없다는 역사의 교훈을 얻었습니다.

콘라트 로렌츠

1903-1989

콘라트 로렌츠는 평생 어린이로 남았기에 과학자도 될 수 있었습니다. 어린이는 동물을 관찰하기 좋아하죠. 하지만 로렌츠는 동물을 관찰하는 수준을 넘어서 동물로 과학을 했습니다. 바로 동물의 행동을 연구하는 동물행동학을 전공했고, 노벨상 수상의 영광을 안았습니다. 흔히 인간의 소명은 어린 시절에 찾아옵니다. 로렌츠가 바로 그 대표적인 사례죠. 그가 여섯 살이었을 때 어머니는 그에게 알껍데기를 막 깨고 나온 새끼 오리 한 마리를 선물로 줬습니다. 그것은 평생 그를 떠나지 않았던 동물에 대한 열정이 시작된 순간이었습니다. 그는 평생 동물과 함께 지냈고, 동물 행동에서 여러 원칙을 발견했습니다.

그의 대표적 발견의 내용은 그때까지 지능보다 음식의 질로 평가받던 조류, 특히 거위에 대한 사실이었습니다. 로렌츠는 항상 거위와 함께 지냈고, 함께 헤엄쳤으며, 그가 가는 곳이면 어디든 거위가 따라다녔습니다. 그가 두 팔을 활짝 펴고 달리면 거위도 날개를 펴고 하늘로 날아올랐습니다. 로렌츠는 이 행동을 '각인(imprinting)' 현상으로 설명했습니다. 갓 태어난 동물은 몇 시간 내에 처음 본 움직이는 대상을 어미로 인식하고 집착한다고 합니다. 다시 말해 갓 태어난 어린 새에게 작동 인형이나 작동 중인 진공청소기를 보여주면 이를 어미로 인식하거나 심지어 성적 대상으로 착각해서 평생 졸졸 쫓아다닌다는 이론입니다. 이 현상은 단지 로렌츠에 대한 거위의 애착만이 아니라 동물의 다른 행동도 설명해줍니다. 얼핏 보기에 대수롭지 않은 듯하지만, 실제로 이런 접근 방식은 혁명적이었습니다. 로렌츠가 만약 다른 과학자들처럼 했다면, 절대 이런 발견을 할 수 없었을 겁니다. 그때까지 동물 연구자들은 실험실을 벗어나지 않았고, 모든 실험은 실험실에서 이뤄졌습니다. 로렌츠는 이것이 인간 행동의 법칙을 연구한다면서 감옥에 갇힌 죄수들을 연구하는 것만큼이나 어리석다고 생각했을 겁니다. 그는 동물을 자연환경에서 연구해야 한다고 믿었습니다. 이 방법은 로렌츠가 네덜란드 출신 동물학자 니콜라스 틴베르헌(Nikolaas Tinbergen)과 공동 연구를 시작하면서 그 진가를 발휘했습니다. 틴베르헌은 자연환경에서 동물을 관찰했을 뿐 아니라 실험도 했습니다. 그는 동물 행동의 근본적인 동기를 이해하고자 반응을 끌어내는 방법을 고안하기도 했죠. 예를 들어 다양한 형태와 색의 널빤지를 만들어서 동물에게 노출하고 반응을 관찰했습니다. 그리고 반복적인 행동을 유도하는 어떤 요소가(색, 형태, 소리 등) 있다는 사실을 밝혔습니다. 예를 들어 큰 가시고기 수컷은 매우 사실적으로 만든 수컷 모형에는 반응하지 않고, 조잡하게 만들었어도 붉은색 모형에는 반응을 보이며 공격한다는 사실을 확인했습니다. 또한, 뻐꾸기는 자기 알을 숙주가 된 새의 둥지에 낳는데, 숙주 어미 새는 자기 알을 버려두고 더 크고 화려한 뻐꾸기 알을 품고 부화합니다. 틴베르헌은 이처럼 동물이 '초정상 자극(supernormal stimuli)'에 반응하는 동물의 행동에 주목했습니다. 이런 연구 덕분에 우리는 동물의 본능이 설명할 수 없는 신비스러운 충동도 아니고, 어떤 사람들이 주장하듯이 '신적인' 문제는 더더욱 아니며, 단지 종족 보존을 위한 메커니즘이고 우리가 해석할 수 있는 현상이라는 사실을 알게 됐습니다. 틴베르헌의 실험과 로렌츠의 이론은 서로 보완하면서 동물행동학을 완성했습니다. 1973년 로렌츠와 틴베르헌, 그리고 꿀벌의 행동을 연구한 카를 본 프리슈(Karl von Frisch)는 노벨생리학(의학)상을 받았습니다. 지금까지 동물 행동 연구로 노벨상을 받은 유일한 사례입니다. 하지만 이 아름다운 이야기는 불행하게도 로렌츠의 방황으로 빛이 바래게 됩니다. 그는 동물에 대한 자신의 이론을 인간에게까지 확대해서 적용했습니다. 야생동물이 길들면서 야성을 잃는 사례에서 영감을 얻은 그는 인간도 쇠퇴의 길로 들어서기 전에 절대적으로 인간 종족의 순수성을 보존해야 한다고 주장했죠.

그의 이런 생각은 당시에 부상하기 시작한 나치 이념에 큰 반향을 남겼고, '히틀러'라는 수컷 지배자에게 꼭두각시처럼 복종하는 인간 부류에 널리 퍼져나갔습니다. 1938년 독일이 오스트리아를 합병하자 로렌츠는 국가사회주의 독일노동자당(나치당)에 가입했고, 그의 이론은 나치의 인종차별법에 과학적 근거를 제공했습니다(하지만 동물행동학이 나치주의에 직결된다고 착각해서는 안 됩니다. 틴베르헌은 나치 정권에 반대했다가 체포돼 2년을 감옥에서 보냈습니다). 우리는 로렌츠의 삶에서 두 가지 교훈을 얻습니다. 하나는 아이들의 놀이도 인간의 지식을 혁신할 수 있다는 사실이고, 다른 하나는 유명하다고 해서 어리석은 짓을 하지 않는다는 법은 없다는 사실입니다. 로렌츠는 동물을 이해했지만, 동물에게 너무 많은 것을 말하게 하려고 했던 것 같습니다. 오늘날 우리는 거위와 거위처럼 걷는 인간 독재자를 혼동해서는 안 된다는 사실을 잘 알고 있습니다.

앨런 튜링

1912-1954

앨런 튜링만큼 다양한 이력의 소유자는 흔치 않을 겁니다. 컴퓨터 공학과 인공지능의 선구자, 제2차 세계대전의 영웅, 탄압받은 동성애자, 마라톤 경기 우승자… 캠브리지 대학의 젊은 수학 연구자였던 그는 몇 년 전 독일의 수학자 다비트 힐베르트가 제기한 문제에 열중했습니다. 이 '결정 가능성(decidability)' 문제는 이런 것이었습니다. '자료를 토대로 원하는 출력을 유도하는 규칙의 집합을 활용하는 '알고리즘' 단계를 거친 수학적 진술은 참인지 거짓인지 확정할 수 있을까?' 앨런 튜링은 추론을 통해 오로지 연필과 종이만 있으면 계산할 수 있는 모든 문제는 – 다시 말해 알고리즘으로 답을 얻을 수 있는 모든 문제는 – 기계로 해결할 수 있음을 증명했습니다.

그렇게 그는 컴퓨터의 초기 형태라고 부를 만한 기계 제작의 가능성을 제시했는데, 이것은 십여 년이 지난 뒤에야 실제로 만들어졌습니다. 그러나 튜링은 그때까지 추상적인 사고에만 빠져 있지 않았습니다. 그는 제2차 세계대전 기간에 베를린의 독일군 사령부에서 영국을 포위한 독일 잠수함에 보내는 무선 메시지를 해독하는 영국 첩보기관에 투입됐습니다. 당시 나치는 '에니그마'라는 기계를 개발하고 메시지를 암호화해서 전송했습니다. 그 기계에는 일종의 '회전판'이 달렸는데 이를 이용해서 수십억 가지 조합으로 메시지를 암호화했습니다. 게다가 해독 방식을 매일 바꿨습니다. 이 기계의 암호화 방식은 너무도 복잡해서 연합군의 전문가들은 도저히 해결책을 찾지 못했습니다. 튜링은 이 업무에 배정돼 암호 해독 방법을 연구했습니다. 그는 아직 컴퓨터라고 부를 수는 없지만, 그 출현을 예고하는 자동 기계를 만들어 '폭탄'이라고 이름을 붙였습니다. 기계가 작동할 때 내는 '탁탁' 소리 때문에 그런 이름을 붙였던 거죠. 독일 메시지의 약점을 이용해(예를 들어 전문을 시작할 때 반복적으로 사용하는 '사령관 각하' 같은 문장을 기준으로 본문을 추론해서 해석했습니다) 튜링은 에니그마의 코드를 풀어냈습니다. 사람들은 튜링이 합류했던 이 부서의 노력 덕분에 전쟁 기간을 최소한 2년은 단축했다고 평가합니다. 이 공로를 인정받아 튜링은 대영제국이 수여하는 공로 훈장을 받기도 했습니다. 전쟁이 끝난 뒤에도 튜링은 정보처리 분야에 관심이 있었고, 1948년 6월 21일, 인류 최초의 컴퓨터 탄생에 이바지했습니다.

하지만 그는 엔지니어가 아니라 개척자 정신이 뛰어난 인물이었기에 정보처리 분야가 발전하자 곧 흥미를 잃었습니다. 그리고 관심 분야를 바꿔서 얼룩말의 무늬나 달팽이 집 무늬 같은 것에 열중했습니다. 하지만 이 분야 연구를 계속할 시간이 없었습니다. 그의 창의성은 날개가 꺾였고, 그는 이 분야의 연구를 계속할 수 없었습니다. 바로 그의 성 정체성 문제가 대두했기 때문입니다. 동성애자였던 그는 1952년 경찰에 고발당했고, 감옥살이를 피하고자 그는 여성 호르몬을 몸에 주입하는 화학적 거세를 택했습니다. 후유증으로 가슴이 나왔고, 무기력 증세에 빠졌으며 심각한 우울증에 시달렸습니다. 1954년 6월 7일 그는 침대에서 숨을 거둔 채 발견됐습니다. 그의 침대맡에는 청산가리에 잠긴 사과가 놓여 있었습니다. 사람들은 이 행동의 의미를 그가 평소 좋아했던 백설 공주 이야기에서 찾았고, 백설 공주에게 독약이 묻은 사과를 먹게 한 사악한 여왕의 이야기를 떠올렸습니다. 2009년 영국 정부는 튜링에게 공식적으로 사죄했고, 2013년에는 영국 여왕 엘리자베스 2세가 그에게 공식적으로 사과했습니다. 게다가 튜링은 오늘날 전 세계 수많은 사무실에서 표하는 경의의 대상이 되고 있기도 합니다. 지금도 꾸준히 퍼지는 루머 중 하나는 누군가가 한 입 베어 먹은 사과를 상징적으로 사용한 애플 컴퓨터의 로고가 컴퓨터의 창안자에게 보내는 경의라는 것입니다. 물론 이런 주장이 공식적으로 확인된 적은 한 번도 없습니다. 이 루머가 사실이든 거짓이든 간에, 우리가 컴퓨터를 켤 때마다 과학의 천재이자 몽매주의의 희생자였던 앨런 튜링을 떠올릴 수 있다는 사실을 부정할 수는 없을 겁니다.

알렉상드르 그로텐디크

1928-2014

알렉상드르 그로텐디크는 수학적 천재성과 1968년 5월 혁명의 만남으로 이뤄진 존재였습니다. 그는 과학자로서 가장 높은 수준의 인정을 받았으나 그것을 거절하고 생태학 분야의 개척자가 됐고, 과학 연구의 중단을 독려했으며(적어도 군사 목적으로 사용하려는 과학 연구에 반대했습니다) 은둔자가 됐습니다. 그가 은둔 기간에 수학을 연구하며 남겼던 수천 장의 원고는 그의 사후 수학자들이 여러 해 노력해도 이해하기가 쉽지 않았습니다.

그로텐디크를 이해하려면, 먼저 그의 출신을 알아야 합니다. 볼셰비키들에게 추방당하고 아우슈비츠에서 죽은 무정부주의자 그의 아버지의 이미지가 깊이 각인된 그는 프랑스 남부 로제르에 있던 '기피 대상 외국인' 수용소에서 어린 시절을 보냈습니다. 능력을 꽃피우기에는 몹시 불리한 환경에서 자라면서도 그의 수학적 재능은 감출 수 없이 일찍이 드러났습니다. 학창 시절에 그는 많은 수학자가 풀지 못한 문제들을 해결하기도 했습니다. 연구자가 되자, 그는 다른 수학자들처럼 대수학과 기하학의 관계를, 다시 말해 형태(원, 삼각형, 사각형 등)를 방정식으로 풀어내는 방법을 연구했습니다. 사실 수학자들은 오래전부터 이 두 영역을 연결하려고 노력했죠. 그로텐디크는 '대수학적 기하학'을 정립할 목적으로 강력한 도구를 개발했습니다. 그리고 '동기 이론'이라고 부르는 것을 완성하고자 야심 찬 연구 계획을 세웠죠. 1966년 그는 이 업적으로 수학 분야의 노벨상에 해당하는 필즈상을 받았습니다. 하지만 상을 받으러 직접 가지는 않았습니다. 그해에는 시상식이 모스크바에서 열렸는데, 아버지를 처형한 소비에트의 나라를 인정한다는 것은 그에게 용납할 수 없는 일이었습니다. 그러나 다음 해에 베트남 민주공화국의 초청을 받았을 때는 수도 하노이에서 강의도 했습니다. 프랑스로 돌아온 뒤에 미국이 베트남을 폭격했다는 언론 보도를 보고는 분노해서 필즈상 메달(금)을 팔아서 그 돈을 북부 베트남 정부에 기부했습니다. 그의 반항적 기질은 1968년 5월 혁명이 일어나자 결정적으로 발산했습니다. 어느 날 그가 연구실에서 나와 캠퍼스에서 시위 중인 학생들과 대화하고 돌아온 순간부터 그는 돌이킬 수 없이 다른 사람이 돼버렸습니다. 수학자는 이제 정치적 환경운동가로 변신했습니다. 오늘날에는 환경 문제가 보편적인 주제가 됐지만, 당시는 환경운동가들을 이상주의에 빠진 히피로 취급하던 시절이었습니다. 그는 심지어 급진적인 반군사주의 환경보호자들의 잡지 『살아남기(Survivre)』를 창간하기도 했습니다. 이 잡지는 나중에 '살아남기와 살기(Survivre et Vivre)'로 제목을 바꿨습니다. 그는 특히 인류의 생존을 위협하는 군사 목적 과학 연구의 중단을 촉구했습니다. 이 무렵 그는 고등과학연구원이 군부의 재정 지원을 받는다는 이유로(전체 예산의 5%였지만, 그가 보기에는 너무 큰 금액이었습니다) 교수직을 사임했습니다. 하지만 그의 정치 참여는 심각한 편견을 낳았기에 일자리를 찾기가 어렵게 됐죠. 국립과학연구센터(CNRS)마저도 채용을 거절하자, 결국 몽펠리에 대학 교수로 자리를 잡았습니다. 그는 새로운 연구 결과를 발표할 때마다 영광스러운 수상의 대상이 됐지만, 늘 사양했습니다(현실적인 보상에 집착하지 않는 것이 과학자가 지켜야 할 최소한의 도리라고 믿었기 때문이죠). 1977년 에밀 피카르(Emile Picard) 상으로 메달을 받았지만, 그는 그것을 호두를 까는 데 사용했습니다. 1988년에는 크로포드(Crawford) 상과 부상으로 수여되는 50만 달러도 거절했습니다. 결국, 그로텐디크는 은퇴 후에 피레네 산맥 줄기 라세르에 있는 작은 마을로 들어갔습니다. 그리고 외부와의 접촉을 최소한으로 줄였고, 외출도 한 달에 두 번 생활필수품을 사러 나오는 정도에 만족하며 은둔자의 삶을 살았습니다. 그는 아무에게도 문을 열어주지 않았고, 심지어 미국이나 일본에서 경의를 표하러 찾아온 수학자들도 만나주지 않았습니다. 그는 점차 신비주의 경향을 띠면서 악마의 행동에 관해 난해한 글을 쓰고, 세상의 종말을 예언하는가 하면, 식물의 세계에 매료되기도 했습니다. 정원 나무를 마주보며 명상했다거나 잡초를 뽑는 이웃에게 화를 냈다는 일화도 전해집니다! 하지만 그는 늘 경건한 마음으로 수학 연구를 계속했습니다. 그의 사후에 사람들은 수천 장에 이르는 원고를 발견했으나 수학자 미셸 드마쥐르(Michel Demazure)는 '이 원고를 접근 가능한 수학 연구로 환원하려면 50년은 걸릴 것이다'라고 말했습니다. 그로텐디크의 행동을 보면 러시아의 수학자 그리고리 페렐만(Григóрий Перельмáн)이 떠오릅니다. 그는 1904년부터 아무도 풀지 못한 프랑스의 수학자 앙리 푸앵카레(Jules Henri Poincaré)의 추측('밀폐된 3차원 공간에서 모든 밀폐된 곡선이 수축해 하나의 점이 될 수 있다면 이 공간은 반드시 구(球)로 변형될 수 있다')을 해결했으나 상금 100만 달러도 거절했고, 2006년에는 필즈상도 거절했습니다. 이전에 1996년 유럽 수학회에서 준 상도 거절했고, 이후에 2010년 밀레니엄 상도 모두 거절하고 상트페테르부르크 교외에 있는 공공임대 아파트에서 살고 있습니다. 이쯤 되면 수학의 세계에 대한 과도한 몰입의 정신분석학적 효과를 살펴봐야 하는 것은 아닌지 모르겠습니다. 어쨌든 그로텐디크는 과학의 정치 참여에 대한 심각한 문제를 제기했습니다. 게다가 이것은 그가 등장하기 이전에도 이후에도 많은 이가 접근하지 않는 문제이기도 합니다.

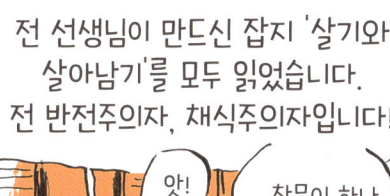

제임스 왓슨

1928-

왜 자식은 부모를 닮을까요? 우리는 어떤 존재이고, 후손에게 무엇을 물려줄까요? 물론, 많은 걸 물려주겠죠. 우리가 선대에서 받고 후대에 물려주는 엄청난 정보가 바로 DNA에 담겨 있습니다. 그리고 그 비밀은 바로 DNA의 이중나선 형태에 숨어 있습니다. 형태를 보면 꼬불꼬불해서 '생명의 와인 오프너'라고 불러도 좋을 것 같습니다. 그 사용법을 발견한 사람이 바로 제임스 왓슨이었습니다.

1900년 그레고어 멘델이 완두콩을 통해 유전 현상을 연구한 이래 사람들은 유전이 어떤 법칙을 따른다는 사실을 알게 됐습니다. 몇 년 뒤 유전은 생물학적 구조, 즉 유전자를 통해 이뤄진다는 사실도 알게 됐죠. 유전자는 DNA(deoxyribonucleic acid: 데옥시리보핵산)라는 고유한 분자의 집합으로 구성돼 있습니다. 이것은 일종의 '생물학적 신분증'으로 각자가 가지고 있고 그 일부를 후손에 물려줍니다. 다시 말해 아기가 생길 때 자신의 DNA가 복제된다는 뜻이기도 합니다. 이런 현상이 어떻게 이뤄질까요? 그 답을 알려면 먼저 DNA가 어떻게 생겼는지를 알아야 합니다. 그런데 문제는 이 분자들이 너무 작아서 직접 촬영할 수가 없다는 겁니다. 따라서 분자에 X선을 쏴서 이것이 어떻게 튕겨 나가는지를 관찰하는 방법으로 정체를 파악할 수밖에 없습니다. 예를 들어 어떤 사물에 대고 강한 힘으로 물총을 쏴서 그것이 어떻게 쏠려나가는지를 보고, 축구공인지 커피 주전자인지 선풍기인지 식별하는 방법입니다. 이런 실험에는 매우 풍부한 상상력이 필요합니다. 다시 말해 과학자들에겐 머리털을 쥐어뜯을 만큼 괴로운 일이었죠. 그러던 중 1953년 런던의 한 실험실에서 로절린드 프랭클린(Rosalind Elsie Franklin)이라는 젊은 여성 과학자가 이전에 X선으로 촬영한 어떤 것보다도 화질이 뛰어난 이미지를 확보하는 데 성공했습니다. 얼핏 보기에는 별로 놀라울 것도 없는 것 같았습니다. 'X' 자 형태의 이중나선으로 구성된 단순한 점들이었으니까요. 하지만 실험실 책임자 모리스 윌킨스(Maurice H. F. Wilkins)는 거기에 뭔가 있다고 판단했습니다. 대단한 직감이었죠… 그러나 불행하게도 과학의 역사에서 가장 비열한 직관이기도 했습니다. 그는 발견자 로절린드에게 알리지도 않고 그 자료를 연구소를 방문했던 제임스 왓슨에게 보여줬습니다. 왓슨은 이 이미지 자료를 바탕으로 동료 연구자 프랜시스 크릭(Francis H. C. Crick)과 함께 이론을 정립했습니다. 사실상 당시 과학자들도 분자의 형태가, 예를 들어 단백질 분자의 형태가 나선형이라는 사실을 이미 알고 있었습니다. 그러나 왓슨과 크릭의 천재성은 DNA 분자의 모양을 단순 나선형이 아니라 이중나선형으로 상상했다는 데 있습니다. 이 단계에서는 모든 것이 단지 머릿속에서만 진행되고 있었습니다. 그래도 DNA가 어떻게 유전되는지는 밝혀냈죠. 이중나선의 양쪽 가닥이 풀리고, 다른 분자의 이중나선 가닥과 결합해서 복제된 새 분자를 만들어낸다는 사실을 밝힌 겁니다. 이 이론은 결국 유전의 메커니즘을 명확하게 설명했습니다! 이 업적으로 왓슨과 크릭, 윌킨스는 1962년 노벨상을 받았습니다. DNA를 X선으로 촬영하는 데 성공하고 이 모든 업적의 단초를 제공한 로절린드 프랭클린은 어떻게 됐을까요? 이 영예로운 상을 받지 못한 것은 물론이고, 그때는 이미 세상을 떠난 뒤였습니다(그녀는 안타깝게도 37세에 암으로 사망했습니다). 게다가 노벨상은 사후에 수여될 수도 없고, 공동 수상자의 수도 3명을 넘지 못합니다.

로절린드 프랭클린에 대한 이런 불공정한 처사에 대한 반작용으로 그녀는 페미니즘의 아이콘이 됐고, 과학 연구 분야의 성차별 희생자라는 사실이 주목받았습니다. 과학 연구에서 여성은 소수자이고, 남성 연구자들의 발견에 핵심적인 역할을 했으나 평가에서 완전히 배제됐다는 사실은 당시의 분위기를 말해줍니다. 하지만 로절린드 프랭클린이 직접 DNA의 이중나선형 구조를 밝혔던 것은 아니었고, 비록 DNA의 이미지를 제공했다고 해도 거기서 지적인 창의력을 발휘했던 제임스 왓슨이 없었다면 그녀가 촬영한 DNA의 X선 이미지는 서랍에서 영영 잠자고 있었을지도 모릅니다. 물론 로절린드 프랭클린의 발견이 없었다면 그에 대한 해석도 존재할 수 없었겠죠. 그 사실만으로도 왓슨은 그녀에게 경의를 표했어야 합니다. 하지만 그는 여러 차례 그녀의 공을 경시하는 발언을 했고, '여성성이 결여된 여성'이라는 등 남성우월주의 발언으로 그녀를 모욕했습니다. 게다가 왓슨은 인종차별 발언과 동성애 혐오 발언으로 여러 차례 물의를 빚었습니다(흑인은 백인보다 지적으로 열등하다든가, 동성애 유전자가 검출된 가계의 임신한 여성에게 낙태를 권고하는 등). 이처럼 인류의 가장 기초적인 원칙 문제에 대해 전혀 무지한 사람이 생명의 법칙을 발견할 수도 있습니다. 왓슨이 어떤 과학적 성과를 이뤘든 간에 그를 향한 사람들의 분노는 오늘날 로절린드 프랭클린에게 돌아가야 하는 사후 명예를 더욱 빛내고 있습니다.

피터 힉스

1929-

이름은 알지만, 그의 업적은 잘 모르는 과학자들이 있습니다. 힉스는 바로 그 반대 사례죠. '힉스의 보손'이라는 말은 흔히 듣지만, 힉스가 누구인지 모르는 사람이 많습니다. 피터 힉스는 영국의 물리학자입니다. 1964년 당시 35세였던 힉스는 새로운 입자, 나중에 '힉스 보손'이라고 부르게 될 입자가 존재한다고 주장했습니다. 그때까지 이 입자는 이론적으로만 존재하는데도 반세기 넘게 모든 물리학자를 매료했습니다. 그러다가 2012년 7월 4일, 드디어 그 실체를 확인하는 사건이 일어났습니다. 대형 강입자 충돌기(LHC, Large hadron collider) 건설을 끝냈던 거죠. 이것은 스위스 제네바와 프랑스 오베르뉴 국경 지대 지하에 건설한 거대한 터널로 보손을 추적하기 위해 4년 전에 건설을 시작했습니다(지하 175미터 지점에 묻힌 둘레 27킬로미터의 엄청난 대형 시설. 이 시설을 건설한 목표는 첫째, 빅뱅이 일어난 지 100만분의 1초 사이에 어떤 일이 일어났는지를 알아내고, 둘째, 모든 물질에 질량을 부여하는 '신의 입자'라고 부르는 '힉스 보손'을 찾아내는 데 있었습니다). '힉스 보손'을 발견한 날, 88세 힉스의 감동은 이루 말할 수 없었겠죠. 그는 이렇게 말했습니다. "내 생전에 이런 일이 일어나리라고는 상상조차 하지 못했습니다."

힉스 보손은 입자물리학에서 '성배' 같은 것이었기에 '신의 입자'라고 불렸습니다. 종교적 맥락과 무관하게 '갓댐(Goddam)' 입자 – 굳이 번역하자면 '하느님 맙소사 입자'쯤 될까요? – 혹은 '천상의 입자'라고도 했는데, 이는 찾아내기가 그만큼 어려웠기에 미국의 물리학자 리언 레더먼(Leon Lederman)이 자기 책 제목으로 쓰려고 했던 표현이기도 합니다. 하지만 제목이 너무 불경스럽다고 판단한 출판사에서는 결국 '신의 입자(Beyond the God Particle)'라는 제목으로 출간했죠. 이 표현은 특히 기자들 덕분에 유명해졌으나 피터 히긴스는 부정적인 반응을 보였고, 대부분 물리학자는 대체 거기에 '신'이 무슨 상관이냐고 되물었습니다.

어쨌든 '힉스 보손'이 그렇게 유명해진 데는 그럴 만한 이유가 있었습니다. 그것은 우리가 사는 세계의 본질을 이해하는 데 핵심적인 요소 같은 것이기 때문입니다. 그 중요성을 파악하려면 '무한히 작은 것'에 관해 알아야 합니다. 물질은 전자라든가 소립자 같은 기본적인 입자로 구성돼 있습니다.

그런데 이런 입자들은 중력이나 전자기력이나 원자력 등 여러 가지 힘으로 서로 연결돼 있지 않다면 별로 쓸모가 없습니다. 이 힘들은 소위 '상호작용' 소립자들을 통해 전달됩니다. 이 소립자들이 바로 '보손'입니다. 세상에는 여러 종류의 보손이 존재하지만, 힉스의 보손은 아주 특별한 역할을 합니다. 왜냐면 보손 덕분에 기초적인 소립자들에 질량이 생기기 때문입니다. 소립자가 힉스 보손과 상호작용할 때는 마치 점성이 있는 공간에서 운동하듯이 무거워진 것처럼 속도가 느려집니다. 힉스 보손이 없다면, 기초 소립자는 질량도 없고, 원자나 분자도 형성하지 못해서 결국 우리를 둘러싸고, 우리를 구성하는 어떤 물질도 될 수 없습니다. 그처럼 중요한 역할을 하지만, 힉스 보손을 포착하기는 극도로 어렵습니다. 절대로 직접 관찰할 수는 없고, 거대한 가속기 안에서 소립자끼리 서로 강하게 충돌하게 하고, 그 에너지에서 힉스 보손이 생기게 하는 수밖에 없습니다. 그렇게 해도 생기기가 몹시 어렵고(대략 50억 번의 충돌에 한 번 성공합니다) 게다가 성공한다고 해도 힉스 보손은 순간적으로 해체됩니다. 그러니 힉스 보손을 발견하는 데 그토록 오랜 세월이 걸렸다는 사실이 놀랍지도 않습니다! 이 작은 역사에서 저 유명한 보손에 힉스의 이름을 붙이게 된 것은 거의 우연이라고 봐야 할 것 같습니다. 얼마든지 '앙글레르 보손'이나 '브라우트 보손'이라고 부를 수도 있었습니다. 실제로 프랑수아 앙글레르(François Englert)와 로버트 브라우트(Robert Brout)는 입자에 질량을 부여하는 메커니즘을 설명하는 이론을 최초로 발표했습니다. 하지만 힉스의 주장은 유일하게 구체적인 결과를 제시한 이론이었습니다. 바로 실험을 통해 포착할 수 있는 새로운 보손의 존재를 제시했던 겁니다. 그리고 그것을 증명하는 데 그토록 오랜 세월이 걸렸기에 이 입자에 신화적인 가치가 부여되기도 했습니다.

2013년 노벨상 심사위원들은 공정했습니다. 그들은 힉스와 앙글레르를 공동 수상자로 지목했습니다(브라우트가 그새 죽지 않았다면 그도 상을 받았을 겁니다). 그래도 '보손'은 돌이킬 수 없이 힉스의 이름과 짝을 이루고 있습니다. 35세에 목표를 직관으로 파악하고, 83세에 최고의 영예를 안는다는 것은 단지 과학의 범주를 벗어나 우리 모두에게 들려주는 인내에 대한 아름다운 교훈이라고 생각합니다.

*CERN, the European Organization for Nuclear Research : 유럽원자핵공동연구소

이브 코펜스

1934-2022

고생물학자 이브 코펜스에게는 과학자로서 매우 특이한 점이 있습니다. 바로 한 여자 덕분에 매우 유명해졌다는 점입니다. 게다가 보통 여자가 아니었죠. 바로 '인류의 할머니'라고 부르는 루시(Lucy)입니다. 루시가 누구냐고요? 지금은 반쯤 남은 유해에 50여 개의 뼈가 전부지만, 320만 년 전에는 에티오피아에서 살던 대략 20세 정도의 여성이었죠. 1974년 이브 코펜스는 루시의 잔해를 발견했습니다. 물론, 혼자 사막에서 작업한 것이 아니라 공동 지휘를 맡은 지질학자 모리스 타이엡, 고생물학자 도널드 요한슨을 포함해서 여러 나라에서 온 전문가들과 함께 이룬 업적이었죠.

이 유해를 '루시'라고 부른 이유는 과학과 전혀 무관했습니다. 그것은 비틀스의 곡 '천상의 루시(Lucy in the Sky With Diamonds)'에 대한 경의로, 연구자들이 저녁때 일을 마치고 피로를 풀며 자주 듣던 곡이었습니다. 하지만 노래 가사와 달리 루시는 하늘에서 내려온 것이 아니라 인류 기원의 상징이 될 정도로 땅에서 영광을 받았습니다. 이런 대중적 성공을 거둔 이유가 – 여자 이름, 대부분 뼈 몇 조각뿐이었던 다른 인류 화석과 달리 그런대로 온전한 상태로 발굴된 유해 – 있었지만, 과학적으로 볼 때 그녀의 명성은 다소 과장된 것이 사실이었습니다. 흔히 루시를 '가장 오래된 인류의 선조'라고 소개하지만, 실제로 인류 발생의 계통도를 살펴보면 그녀의 위치는 그리 대단하지 않습니다. 인류가 혹한 계통도에서 볼 수 있는 수많은 갈래 중 하나에 속할 뿐이니까요. 루시는 오스트랄로피테쿠스(Australopithecus : 남방 원숭이라는 뜻)지만, 우리는 인류(Homo)에 속합니다. 다시 말해 루시는 우리의 먼 친척 할머니일 뿐입니다. 하지만 그것만으로도 대단한 일이긴 합니다.

왜냐면 루시 덕분에 우리 인간이 아프리카에서 기원했음을 확인했으니까요. 루시 덕분에 이브 코펜스는 인류가 동부 아프리카에서 온 가설을 제시할 수 있었습니다. 소위 '이스트 사이드 스토리(East Side Story)'가 제시된 거죠. 800만 년 전에 소말리아 반도 숲속에서 유인원들이 살았다는 겁니다. 지질학적 단층이 생기면서 이 지역이 남북으로 갈라졌는데, 대지구대 서쪽에서는 변함없이 습기가 많아서 우거진 숲이 형성됐습니다. 반면에 동쪽에서는 가뭄 때문에 숲이 사라지고 대초원이 자리 잡았습니다. 이런 변화로 영장류들은 높이 자란 풀 위로 멀리 보고자 뒷다리로 일어서기 시작했으며 수백만 년 뒤 그 후손이 바로 우리 인간이라는 주장입니다. 이 가설이 학계에서 반세기 넘게 유지되다가 대지구대 서쪽 중앙 아프리카에서, 더 정확히 말해서 차드에서 다른 유해가 발견됐습니다. 발견자는 고생물학자이자 콜레주 드 프랑스 교수였던 미셸 브뤼네(Michel Brunet)였습니다. 1995년 그는 350만 년 전에 존재했던 인간 조상의 턱뼈를 발견하고, 그에게 '아벨(Abel)'이라는 이름을 지어줬습니다. 그리고 2010년에는 700만 년 전 인류의 두개골을 발굴했고, 당시 차드 대통령 이드리스 데비는 그에게 '투마이(Toumaï)'라는 이름을 지어줬습니다. 아벨은 지금까지 알려진 가장 오래된 인류의 선조입니다. 따라서 이브 코펜스의 시나리오는 설득력을 잃었죠. 최초의 인류가 동부 아프리카에서 출현했다고 주장할 수 없게 된 겁니다.

발굴 결과를 보면 인류는 중앙 아프리카에서 발원했다고 봐야 합니다(적어도 인류가 다른 지역에서 더 오래전에 살았다는 증거가 나오기 전에는 그렇게 봐야죠).

루시는 이미 오래전에 '인류의 조상 할머니' 자격을 상실했습니다. 게다가 이런 개념 자체도 무의미해졌습니다. 인류의 탄생과 진화를 하나의 계통수(系統樹)로 재구성한다면 인류의 조상은 하나의 기둥에서 갈라져 나왔다기보다 여러 개의 가지로 구성된 덤불 같은 것이 될 테니까요. 하나는 투마이, 다른 하나는 루시, 그리고 지금은 사라진 다른 많은 가지로 그릴 수 있는 다른 많은 선조가 있었을 겁니다… 우리가 명백하게 어디서 기원했는지는 분명합니다. 인류는 800만 년 전에 침팬지와 갈라져 진화해왔다는 사실만은 분명합니다. 우리 조상은 약 200만 년 전에 아프리카 대륙을 벗어나 점차 지구의 모든 대륙으로 퍼져 나갔습니다. 그리고 우리 종, 호모 사피엔스는 30만 년 전에 지구에 등장했습니다. 다시 말해서 우리 인류는 계통수의 무성한 덤불에서 최근에 갈라진 아주 작은 가지에 불과하다는 거죠.

제인 구달

1934-

보통 '사랑'이라는 말은 과학 분야의 언어가 아니지만, 침팬지들과 함께 있는 제인 구달의 비디오를 보면 생각이 달라집니다. 그들이 주고받는 시선과 애정 어린 동작을 보면 이 사례에서만큼은 예외를 인정하게 됩니다. 평생을 침팬지 연구에 바친 제인 구달은 그들의 대변자가 됐고, 은퇴할 나이를 훌쩍 넘긴 뒤에도 그들의 목소리가 돼 지치지 않고 전 세계를 돌아다니고 있습니다. 그렇게 세계적인 아이콘이 된 과학자는 그리 많지 않습니다. 게다가 제인 구달은 애초에 생물학을 전공하지도 않았습니다. 어릴 적부터 원숭이를 연구하고 싶다는 꿈을 꾸고 있었지만, 가정 형편 때문에 대학 진학을 포기했습니다. 원래 그녀는 중산층 가정에서 태어났습니다. 아버지는 공학자, 어머니는 성공한 소설가였으나 두 사람이 이혼하면서 경제적으로 어려워졌고, 결국 옥스퍼드 대학교의 여비서, 영화 제작사 직원으로 일하며 생계비를 벌었습니다. 그러다가 1956년, 그녀가 스물두 살이었을 때 부모가 케냐에 정착한 친구가 그녀를 초대하면서 제인의 인생은 전혀 다른 길로 들어서게 됩니다. 제인은 런던에서 하던 일을 그만두고 케냐행 선임비와 현지 생활비를 벌고자 식당 종업원으로 일했습니다.

케냐에 도착해 친구의 농장에서 지내던 제인은 당시 나이로비의 국립 자연사 박물관장이었던 루이스 리키(Louis Leakey)를 찾아갔습니다. 제인 구달을 만난 루이스 리키는 그녀가 동물에 대한 관찰력이 뛰어나다는 사실을 알아봤고, 마침 조수를 구하던 참이어서 그녀를 채용했습니다. 제인에게 행운이 찾아온 겁니다. 루이스 리키에게는 함께 침팬지를 연구할 동료도 필요했습니다. 그는 지구에 나타난 최초 인간의 삶을 이해하는 데 도움을 줄 자료를 확보하고자 했죠. 게다가 이런 작업에 여성이 적합하다고 생각하고 있었습니다. 왜냐하면 여성은 남성보다 참을성이 많고, 관찰력이 있으며, 출세에 덜 집착한다고 판단했기 때문이었습니다. 실제로 경력에 유리한 요소들이 모여 있는 대도시 기관에서 멀리 떨어져 오랫동안 정글에서 지내는 것이 쉬운 일은 아니었습니다. 게다가 루이스 리키는 제인 구달의 학력 부족을 오히려 학문적 편견을 피할 수 있다는 장점으로 간주했습니다(오늘날에는 상상하기 어려운 일이죠. 어느 연구소 책임자가 학생 관리도 쉽지 않은 상황에서 무경험자를 고용하려고 할까요?). 그렇게 제인 구달은 탄자니아에 정착했습니다. 이전에는 침팬지 일상을 자연환경에서 밀착해서 관찰한 연구자는 아무도 없었습니다. 침팬지에게 접근하기 위해(이것이 가장 어려운 일이었죠) 제인은 그들의 습성을 따르고, 그들 그룹에서 거리를 두고 앉아서 오랜 시간을 보내며 그들의 동작을 따라 하고, 그들의 신뢰를 얻을 때까지 엄청난 인내심을 발휘해야 했습니다. 100미터 이내에서 그들을 관찰하기까지 꼬박 1년을 기다려야 했습니다. 그녀는 연구자로서는 처음으로 자기와 함께 지내는 침팬지들에게 이름을 지어줬습니다. 이것은 당시 동물학자들에게 의인화(anthropomorphism)를 이유로 금지된 행동이었으나 구달은 오히려 그렇게 해서 각각의 침팬지를 고유한 성격을 갖춘 개체로 간주하고 관찰할 수 있었죠.

제인은 끈질긴 인내 덕분에 침팬지들의 풍습과 사회 조직과 사랑과 전쟁 등의 현실을 발견할 수 있었습니다. 하루는 어느 침팬지를 관찰하다가 놀라운 행동을 목격했습니다. 제인이 '데이비드'라고 이름 붙여준 그 침팬지는 나뭇가지를 꺾어서 잎을 모두 제거한 뒤에 개미집 구멍에 넣었다가 빼서 딸려 나온 개미들을 핥아먹었습니다. 제인은 이 나뭇가지가 바로 '도구'의 정의에 완벽하게 부합한다는 사실을 깨달았습니다. 이것은 혁명적인 사건이 됐습니다. 왜냐면 그때까지 도구는 오로지 인간만이 사용하는 것으로 인식돼 도구 사용을 인간의 고유한 특성으로 간주하고 있었기 때문이죠! 그만큼 침팬지와 인간은 가까운 종이라는 사실이 밝혀졌습니다. 제인은 이 발견으로 앞으로 진행할 연구에 새로운 차원을 부여하게 됐습니다. 이 '현장 연구' 덕분에 전직 여비서 제인 구달은 드디어 대학에서 공부를 시작했습니다. 그녀는 학자로서 인정받았을 뿐 아니라 미디어의 아이콘이 되면서 내셔널지오그래픽(National Geographic Society : 전미지리학회)과 함께 수많은 탐사 기사를 제작했고, 연구에 필요한 재정 지원을 받기도 했습니다. 제인 구달이 실현한 또 다른 혁신은 연구에 투자한 시간입니다. 그녀는 같은 침팬지들과 15년을 함께 보냈습니다. 이것은 오늘날까지도 동물을 대상으로 진행한 연구 중에서 가장 긴 시간을 보낸 기록적인 사례로 남아 있습니다.

제인은 수많은 연구자의 모델이 됐습니다. 그중 두 여성 개척자는 바로 비루테 갈디카스(Birute Galdikas)와 다이앤 포시(Dian Fossey)입니다. 갈디카스는 인도네시아의 오랑우탄 연구에 평생을 바쳤고, 포시는 아프리카의 고릴라를 연구하다가 1985년 밀렵꾼들에게 살해당하는 비극적인 종말을 맞이했습니다. 많은 연구자가 제인 구달이 열어놓은 길을 걸었고, 그녀가 50여 년 전에 탄자니아 곰베에 개설한 연구 센터는 전 세계 과학자들에게 개방돼 있습니다. 제인 구달과 그의 스승 루이스 리키 이전에는 아무도 원숭이 연구에 관심을 보이지 않았습니다. 제인 구달은 원숭이를 통해 지구의 미래를 봤습니다. 거기에 도달하기까지 그녀는 과학 연구와 미디어를 통한 여론 조성, 그리고 정치 참여라는 세 가지 축을 기준으로 활동했습니다. 그것은 원숭이의 문제가 곧 인간의 문제이고, 원숭이도 영장류라는 사실을 알리기 위해 그녀에게 꼭 필요한 활동이었죠.

침팬지는 자기 목적을 달성하기 위해 도구를 사용하는 능력을 갖추고 있다. 이러한 실질적인 지능은 인간의 지능과 비교해보면 별로 열등해 보이지 않는다.

하지만 인간과 마찬가지로…

멍청할 때도 있다.

에마뉘엘 샤르팡티에

1968-

에마뉘엘 샤르팡티에라는 이름이 여러분에게 생소할지도 모르지만, 그의 발견은 곧 여러분의 일상을 완전히 바꿔놓을지도 모릅니다… 그리고 여러분의 자손과 후손과 다음 세대 모든 사람의 삶에도 전례 없는 변화를 가져올지도 모릅니다. 에마뉘엘 샤르팡티에는 미국의 생물학자 제니퍼 다우드나(Jennifer A. Doudna)와 함께 어떤 생체 기관의 유전자도 변형시킬 방법을 고안했습니다. 과학자들이 '크리스 캐스9'이라고 부른 'DNA 가위'를 이용해서 마치 어린이들이 레고 블록으로 킥보드를 트랙터로 만든다든가 개구리를 기린으로 만들 듯이 동물이나 식물, 인간의 성질을 바꿔놓을 수 있게 됐습니다.

그리고 이 유전자 가위로 가장 좋은 것도, 가장 나쁜 것도 만들어낼 수 있다고 상상하게 됐습니다. 병자를 치료하고, 새로운 동물 종을 만들고, 카탈로그에서 원하는 아기를 고르는 등… 어떤 사람들은 에마뉘엘 샤르팡티에가 인류를 위험에 빠트릴 철없는 초보 마술사 같은 존재라고 비난합니다. 하지만 과학자 사이에서 그녀는 이미 스타가 됐고, 그녀의 연구는 30여 차례 국제적으로 수상한 바 있습니다. 이처럼 그녀가 인정받은 것은 일찍이 자기 일에 대한 굳건한 소명 의식이 있었기 때문일 겁니다. 실제로 에마뉘엘은 어릴 적부터 과학에 매료됐습니다. 아주 어린 나이에 '파스퇴르 연구소에서 일하고 싶다'고 말했다고 합니다. 성인이 되자 생물학 박사학위를 받고 나서 미국, 오스트리아, 스웨덴, 독일 등지에서 연구활동을 계속했고, 지금은 베를린의 막스-플랑크 연구소에서 일하고 있습니다. 2011년 그녀는 생물학계를 완전히 뒤집어놓을 성과를 내놓게 됩니다. 미국인 연구자 제니퍼 다우드나와 함께 박테리아를 연구하는 과정에서 어떤 종은 자신을 감염시키려는 바이러스로부터 자신을 보호하는 강력한 무기로 무장했다는 사실을 발견했습니다. 그 무기는 바로 상대의 DNA를 파괴하는 힘이었습니다. 이 무기는 일종의 추적 미사일 같은 것으로 이해하면 될 것 같습니다. '캐스9(Cas9)'이라고 이름 붙인 이 단백질은 회문(palindrome) 구조처럼 구성된 분자들의 집합체였습니다. '회문 구조'란 'radar'나 'kayak'처럼 앞에서부터 읽으나 뒤에서부터 읽으나 똑같은 형태를 말합니다. 'Crispr(Clustered regularly interspaced short palinromic repeats)'라는 이름은 그렇게 해서 생겼습니다.

단백질 캐스9의 작동방식을 발견한 두 여성 연구자는 이것으로 모든 유형의 DNA를 변형시키는 '만능 유전자 가위'를 만들 계획을 세웁니다. 그렇게 이 가위로 유전자를 제거하거나 교체하거나 첨가할 수 있게 됐습니다. 물론 다른 과학자들도 유전자를 조작할 수 있었으나 그들의 방법은 초보적인 수준에 있었습니다. 그들은 '변이'를 일으키기 위해 세포에 X선을 발사하는 방법을 사용했으나 결과를 통제할 수 없었기에 원하는 효과를 그저 우연에 맡기는 수밖에 없었습니다. 하지만 크리스퍼-캐스9은 정반대였죠. 정확하고, 효과적이고, 사용하기 쉽고, 저렴했습니다. 오늘날, 이 유전자 가위는 전 세계 생물학 실험실에서 사용되고 있습니다. 그 적용 사례도 매우 다양합니다. 과학자들은 이미 크리스퍼-캐스9을 사용해서 근육의 유전자를 변형시켜 집채만 한 소를 만들고 있습니다. 또 어떤 생물학자들은 뇌염균을 옮기지 않는 모기를 만들어냈습니다.… 의학 분야에서는 세포의 DNA를 변형시켜서 다운증후군, 알츠하이머병, 암 같은 병의 치료법을 연구하고 있습니다. 이처럼 크리스퍼-캐스9을 사용하면 모든 것이 수월해집니다. 인간의 고통을 덜어줄 수도 있지만, 환경을 파괴하거나 로봇 세상을 만들 수도 있죠.

물론 에마뉘엘 샤르팡티에가 발견한 것은 '도구'일 뿐이라고 말할 수 있습니다. 망치를 이용해서 거장의 명화를 벽에 걸 수도 있지만, 옆집 사람을 때려눕힐 수도 있듯이 크리스퍼-캐스9은 그 자체로는 위험하지 않지만, 그것으로 위험한 짓을 할 수도 있습니다. 그 적용 사례가 너무도 빠르게 늘어나는 현실에서 조금 천천히 가는 것이 좋지 않을까, 그래서 적어도 그런 놀라운 수단에 대해 성찰할 시간이 필요하지 않을까 하는 의문이 들기도 합니다.

작가 안토니오 피셰티(Antonio Fischetti)

과학 분야 박사학위를 받고 국립기술직업원, 음향기술원, 루이 뤼미에르 영화학교, 페미스 영화학교 등 전문기관에서 강의하며 『과학과 미래』, 『샤를리 엡도』 등 잡지와 신문에 과학과 환경 관련 기사를 꾸준히 발표하고 있습니다. 『과학의 제국, 인류의 200가지 발명』(알뱅 미셸, 2011), 『고정관념을 깨는 36가지 문제에 대한 대답』(알뱅 미셸, 2012), 『수퍼스타 곤충들』(악트쉬드 주니어, 2013), 『과학자가 관찰한 개와 고양이』(악트쉬드 주니어, 2015) 등 성인과 청소년을 대상으로 과학 분야에서 유머러스하고 흥미로운 저술을 남겼습니다..

만화가 기욤 부자르(Guillaume Bouzard)

파리 출생. 어린 시절부터 만화에 열정을 보여 18세에 만화 잡지 10호를 자비로 출간했습니다. 툴루즈 미술학교를 졸업한 뒤 『4인 클럽』, 『메가브라』, 『나는 부자르다』, 『축구 축구』 등 여러 편 만화를 출간해 대중과 언론의 호평을 받았습니다. 특히 그의 「털보」시리즈는 베르댕 전투 100년 기념으로 출간돼 주목받았습니다. 그는 단행본 출간 외에 『프뤼드 글라시알』, 『스피루』 등 만화 전문 잡지나 『리베라시옹』, 『엑스프레스』, 『카나르 앙셰네』 등 일반 일간지 월간지에도 작품을 게재하고 있습니다. 2013년에 앙굴렘 만화 축제에서 슈링고 상을 받았고, 2014년에는 자크-롭 상을 받았으며, 같은 해 케데빌 만화 축제에서 대상을 받았습니다.

번역가 이나무

프랑스 파리 4대학에서 문학박사 학위를 받고 나서 파리 8대학 철학박사 과정을 마쳤습니다. 그래픽노블『마리 앙투아네트, 왕비의 비밀일기』『자이 자이 자이 자이』『오리엔탈 피아노』『최초의 인간』등을 비롯해 여러 어린이책, 그리고『올망 졸망 철학교실』『친구들과 함께 하는 64가지 철학 체험』『사물들과 함께 하는 51가지 철학 체험』『만화보다 더 재미있는 세계철학 백과사전』『철학 주식회사』『고정관념을 날려버리는 5분 철학 오프너』『필로 코믹스』 등 일반인이 쉽게 읽을 수 있는 철학서들을 우리말로 옮겼습니다.

La Planète des sciences
© DARGAUD 2019, by Bouzard, Fischetti
www.dargaud.com
All rights reserved.
Korean translation copyright © Esoop Publishing Co., 2023.
This Korean translation is published by arrangement with Dargaud through Bestun Agency, Korea.

이 책의 저작권은 베스툰 코리아를 통해 이루어진 저작권자와의 독점계약으로 이숲에 있습니다.
저작권법에 의해 보호를 받는 저작물이므로 무단 전재 및 복제를 금합니다.

만화로 보는 과학의 역사 1판 1쇄 발행일 2023년 8월 25일 **글** 안토니오 피셰티 **그림** 기욤 부자르 **옮긴이** 이나무 **펴낸이** 김문영 **펴낸곳** 이숲
등록 2008년 3월 28일 제301-2008-086호 **주소** 경기도 파주시 책향기로 320, 2-206 **전화** 02-2235-5580 **팩스** 02-6442-5581
홈페이지 www.esoope.com **이메일** esoope@naver.com **ISBN** 979-11-91131-56-7 07400 ⓒ 이숲, 2023, printed in Korea.